At - C - X -21
(NF)
(NF)

Habilitationsschrift
zur Erlangung der Venia Legendi im Fache Geographie
vorgelegt bei der Mathematisch-Naturwissenschaftlichen Fakultät der Universität Köln

Oberflächenformen und Substrate in Zentral- und Nordostnigeria
Ein Beitrag zur Landschaftsgeschichte

von

Dr. rer. nat. Reinhard Zeese

Berichte aus der Geowissenschaft

Reinhard Zeese

Oberflächenformen und Substrate in Zentral- und Nordostnigeria

Ein Beitrag zur Landschaftsgeschichte

D 38 (Habil.-Schr. Universität Köln)

Shaker Verlag
Aachen 1996

Die Deutsche Bibliothek - CIP-Einheitsaufnahme

Zeese, Reinhard:
Oberflächenformen und Substrate in Zentral- und Nordostnigeria: Ein Beitrag
zur Landschaftsgeschichte / Reinhard Zeese. - Als Ms. gedr. -
Aachen: Shaker, 1996
   (Berichte aus der Geowissenschaft)
   Zugl.: Köln, Univ., Habil.-Schr., 1994
ISBN 3-8265-1984-1

Copyright Shaker Verlag 1996
Alle Rechte, auch das des auszugsweisen Nachdruckes, der auszugsweisen
oder vollständigen Wiedergabe, der Speicherung in Datenverarbeitungs-
anlagen und der Übersetzung, vorbehalten.

Als Manuskript gedruckt. Printed in Germany.

ISBN 3-8265-1984-1
ISSN 0945-0777

      Shaker Verlag GmbH • Postfach 1290 • 52013 Aachen
      Telefon: 02407 / 95 96 - 0 • Telefax: 02407 / 95 96 - 9
      Internet: www.shaker.de • eMail: info@shaker.de

Lebenslauf

Wichtige Daten:

19.04.1944 Geburt in Pardubitz, Tschechien, als deutscher Staatsangehöriger; Eltern: Walter und Elise Zeese, geb. Guschl

Ende 1946 Flucht nach Mecklenburg

1947 Umzug nach Stuttgart

1950 - 1954 Besuch der Volksschule in Stuttgart-Zuffenhausen (Rosenschule)

1954-1963 Besuch des Gymnasiums Stuttgart-Zuffenhausen

28.02.1963 Abitur

Sommersemester 1963 Studienbeginn an der Universität Tübingen

30.04.1965 Großes Latinum

28.02.1969 Studienabschluß (1.Staatsexamen)

01.03.1969 -30.06.1969 Verwaltung einer Assistentenstelle am Geographischen Institut der Universität Tübingen

11.09.1970 Eintritt in den Dienst als Studienreferendar

07.12.1971 Abschluß des 2.Staatsexamens, Übernahme als Studienassessor am Hohenlohe-Gymnasium in Öhringen für die Fächer Geographie Geschichte, Deutsch und Gemeinschaftskunde

23.02.1972 Dissertationsabschluß

Schuljahr 1972/73 Vertrauenslehrer am Hohenlohe-Gymnasium

23.03.1973 Dienstbeginn als Assistent am Geographischen Institut der Universität zu Köln

30.07.1973 Heirat mit Christa Zeese, geborene Hähner

08.11.1973 Ernennung zum Akademischen Rat

28.05.1975 Geburt des Sohnes Jan

06.01.1977 Ernennung zum Akademischen Oberrat

06.03.1980 Geburt des Sohnes Björn

31.05.1983 Geburt der Tochter Anne Marie

22.10.1984 Geburt der Tochter Christine

15.12.1994 Habilitation für das Fach Geographie an der Mathematisch-Naturwissenschaftlichen Fakultät der Universität zu Köln

Wissenschaftlicher Werdegang

Im Sommersemester 1963 begann ich an der Universität Tübingen das Studium für das Lehramt an Gymnasien in den Fächern Geographie, Geschichte und Germanistik. Außerdem hörte ich Vorlesungen in Geologie, Bodenkunde, Philosophie und Pädagogik.

Meine Lehrer in Pädagogik waren die Professoren ZIFREUND und MÜHLE, in Philosophie die Professoren v. FREYTAG und SCHOLZ. In Bodenkunde hörte ich bei Prof. S.MÜLLER und nahm an bodenkundlichen Exkursionen teil, in Geologie hörte ich bei Prof.R.WAGNER und war Teilnehmer mehrerer Exkursionen im süddeutschen Raum. In Germanistik waren meine Lehrer die Professoren BEISSNER, BRINKMANN, H. FISCHER, HALBACH, MOHR, SCHUMACHER, STORZ und ZIEGLER, in Geschichte die Professoren DECKER-HAUFF, ENGEL, LÖWE, MARKERT, G. SCHULZ, STROHECKER und ZEEDEN. In Geographie hörte ich bei den Professoren BLUME, SCHRÖDER, SCHWALM und WILHELMY.

Von Prof. BLUME bekam ich auf einem Geländepraktikum die Anregung zur Examensarbeit, die ich unter seiner Leitung und Förderung zur Dissertation ausbaute. Für die Feldarbeiten erhielt ich von der DFG ein einjähriges Mitarbeiterstipendium. Während des Referendardienstes und der Assessorenzeit am Hohenlohe-Gymnasium in Öhringen arbeitete ich weiter an der Doktorarbeit über die "Talentwicklung von Kocher und Jagst im Keuperbergland", die 1972 gedruckt erschien. Die mündlichen Prüfungen zum Hauptfach Geographie legte ich am 17.02.1972 ab und erhielt am 23.02.1972 die Promotionsurkunde.

Von Frau Prof. BREMER wurde ich nach Köln verpflichtet, wo ich am 23.03.1973 meinen Dienst antrat, zunächst als Assistent, ab 08.11.1973 als Akademischer Rat, ab 06.01.1977 als Akademischer Oberrat.

Von Köln aus wertete ich zunächst die Untersuchungsergebnisse aus Ostwürttemberg weiter aus. Ab Juni 1975 bearbeitete ich an dem von Professor MEYNEN herausgegebenen Internationalen Geographischen Glossarium die Begriffe der Geomorphologie (außer Karst). Der Band liegt seit Mai 1985 gedruckt vor. Auf den Internationalen Geographentagen in Moskau 1976 und 1980 habe ich Prof. MEYNEN assistiert und über meine Arbeiten vorgetragen.

Ab 1975 führte ich Untersuchungen zu geomorphologischen Problemen im Französischen Jura durch, eine erste Veröffentlichung erfolgte 1978. Neuere Ergebnisse habe ich im August 1994 bei dem Treffen des deutschsprachigen Arbeitskreises für Geomorphologie in Wien vorgetragen. Daneben habe ich Kartierungsarbeiten in der Eifel durchgeführt und in zwei Publikationen veröffentlicht.

Auf Anregung von Frau Prof. Dr. H. BREMER, Lehrstuhl für Geomorphologie, begann ich im Frühjahr 1978 mit Geländearbeiten in Nigeria. Für die Untersuchung der Reliefentwicklung Zentral- und Nordostnigerias gewährte mir die Deutsche Forschungsgemeinschaft zwei Forschungsreisen von zehn Wochen (1978) und sieben Wochen (1981) Dauer sowie ein einjähriges Habilitationsstipendium (1981/82).

Bei den Arbeiten war es mir möglich, auf die Erfahrungen in Fernerkundung zurückzugreifen, die ich bei einem 15wöchigen Ausbildungskurs vom 4.9. -21.12.1979 am "International Training Center for Remote Sensing" in Enschede/Niederlande erworben habe. Die Finanzierung wurde von meinem Dienstherrn übernommen, um mich für diesen Teil der Lehre am Geographischen Institut der Universität zu Köln zu spezialisieren.

1980 führte ich mit Unterstützung der DFG eine vergleichende Reise nach Tansania aus und erstellte für die GTZ ein Gutachten über "Soil Erosion - Western Usambara Mountains/Tansania".

Über meine Untersuchungsergebnisse in Nigeria habe ich auf zahlreichen Kolloquia sowie nationalen und internationalen Tagungen vorgetragen sowie 1983 erstmals publiziert. Auf Grund dieser Vorträge wurde ich von der Geokommission der DFG zum Leiter eines interdisziplinären und internationalen Forschungsprojektes gewählt, in dem die Zusammenhänge zwischen intensiver chemischer Verwitterung, Abtragung, Reliefentwicklung und korrelater Sedimentation in Nigeria seit dem ausklingenden Mesozoikum untersucht wurden. Das Projekt wurde am 28.4.1986 von der DFG bewilligt (DFG Gz.: Ze 172/5-1). Mitarbeiter an dem Projekt waren: Prof. Dr. U. JUX, Lehrstuhl für Paläontologie an der Universität Köln; Prof. Dr. U. SCHWERTMANN, Lehrstuhl für Bodenkunde an der Universität München (Freising-Weihenstephan); Prof. Dr. G. TIETZ, Mineralogie und Sedimentologie, Geologisches Institut der Universität Hamburg ; Frau Prof. Dr. I. VALETON, supergene Lagerstätten, Geologisches Institut der Universität Hamburg.

Als Projektleiter unternahm ich vier weitere Reisen nach Nigeria, meist in Begleitung von Projektmitgliedern. In Köln organisierte ich zwei Workshops, in denen interessierte Kollegen (jeweils ca. 40 Teilnehmer aus In- und Ausland) mit den Ergebnissen des Projektes vertraut gemacht wurden. Während einer der Reisen nach Nigeria im Frühjahr 1990 war es mir dank einer Einladung des Goethe-Institutes Lagos möglich, über das Projekt durch Vorträge an den Universitäten Lagos, Ibadan und Ife sowie bei der Jahresversammlung der nigerianischen Gesellschaft für Geologie und Bergbau in Kaduna zu informieren. Kontakte mit nigerianischen Geowissenschaftlern und dem Geological Survey wurden dabei intensiviert. Im Rahmen des Projektes wurden mehrere Diplomarbeiten und drei Dissertationen angefertigt. In einer Reihe von Veröffentlichungen hat die Mehrzahl der Projektmitglieder Ergebnisse publiziert. Eine gemeinsame Publikation ist in der Zeitschrift Catena 1994 erschienen.

Den fächerübergreifenden wissenschaftlichen Abschlußbericht habe ich formuliert und Ende August 1990 an die DFG übersandt. Einen Teil der Projektergebnisse habe ich bei der Geotechnica 1993 in Köln präsentiert.

Bei zwei weiteren interdisziplinären Forschungsprojekten war ich ebenfalls als Projektleiter tätig. Es sind dies:

ein Fortsetzungsprojekt "Chemische Verwitterung in Nigeria" mit den Professoren JUX (Geologisch-Paläontologisches Institut) und RAMMENSEE (Mineralogisches Institut) der Universität zu Köln, gefördert durch die DFG, sowie ein Projekt "Umweltveränderungen in Nigeria seit der Öffnung des Atlantischen Ozeans", gefördert durch die Volkswagen-Stiftung. Neben meinen eigenen Untersuchungen zur landschaftsökologischen Entwicklung wurden als Teilarbeiten durchgeführt:
1. Untersuchungen korrelater Sedimente zum Abtragungsgeschehen in Zentralnigeria (Professor Dr. Andrea MINDSZENTY, Institut für Angewandte Geologie/Universität Budapest);
2. Untersuchungen zur känozoischen Plattentektonik am reaktivierten Benue-Scherbecken (Dr. Laszlo FODOR, Institut für Angewandte Geologie/ Universität Budapest);
3. Untersuchungen und Massenbilanzierungen an Verwitterungsdecken im Grundgebirge Zentralnigerias (Dr. Torsten SCHWARZ, FG Lagerstättenforschung der TU Berlin).

und den anderen Mitgliedern des DFG-Projektes betreut wurde. Außerdem wurde auf meine Anregung der Antrag von Professor Faniran, Geographisches Institut der Universität Ibadan/Nigeria, auf eine sechswöchige Besuchsreise in Deutschland bewilligt.

Am 24./25.2.1994 wurde von mir ein Workshop mit dem Rahmenthema "Umweltveränderungen in Nigeria seit der Öffnung des Atlantiks" organisiert und durchgeführt. Im Anschluß an den Workshop, an dem die genannten Gastwissenschaftler aus Nigeria und nahezu alle Mitglieder der beiden Forschungsprojekte teilnahmen, wurden weiteren Aktivitäten unter Beteiligung interessierter Gäste diskutiert. Außerdem erfolgte eine gemeinsame Vorbereitung der Geländearbeiten, die im Anschluß daran in Nigeria stattfanden.

Köln, den 26.9.1996

Erratum

S. VIII beginnt mit

Der DAAD förderte aufgrund meiner Fürsprache den sechsmonatigen Deutschlandaufenthalt eines nigerianischen Doktoranden, des Herrn Augustus Aisuebeogun, der in Köln von mir...

GLIEDERUNG

1. Einführung	1
2. Grundgedanken	3
2.1 Das Relief - Folge von Umwelteinflüssen	
2.2 Formen- und Substratanalyse - Voraussetzung für die Erklärung der Reliefentwicklung	3
2.2.1. Formenanalyse	3
2.2.2. Substratanalyse	7
2.2.3. Alterszuordnung von Formen und Substraten	8
3. Modellvorstellungen zur Entstehung von Rumpfflächen - Hilfsmittel zur Verständigung	9
3.1 Modelle der Flächenneubildung	11
3.2 Modelle der Flächenbewahrung	14
4. Der Untersuchungsraum - mobile Schildregion in den wechselfeuchten Tropen	19
5. Struktur des Untergrundes, Tektogenese und Klimawechsel - Voraussetzungen der Reliefentwicklung - Forschungsstand	30
5.1 Präkambrium bis Eozän	30
5.2 Oligozän bis Pliozän	37
5.3 Quartär	41
5.4 Zusammenfassung	44
6. Substratanalyse	45
6.1 Die Verwitterungsdecke	45
6.1.1. Solum, Saprolit und Ferricret (Vorüberlegungen)	45
6.1.2. Ältere Verwitterungsreste	52
6.1.2.1 Verwitterungserscheinungen in der Fluviovulkanischen Serie	52
6.1.2.2 Alter und Bedeutung der Fluviovulkanischen Serie	61
6.1.2.3 Verwitterungserscheinungen in den Beckensedimenten	65
6.1.2.4 Ältere Verwitterungsreste auf Abtragungsflächen	66

6.1.3 Jüngere Verwitterungsreste	68
6.1.3.1 Verwitterung und Bodenbildung auf jüngeren Basalten	68
6.1.3.2 Verwitterung und Bodenbildung auf Quartärablagerungen in der Rumpfflächenlandschaft	70
6.1.4 Verwitterungsdecken als Indikatoren vorzeitlicher Umwelteinflüsse	72
6.2 Quartärablagerungen im Abtragungsflachrelief	75
6.2.1 Das holozäne Vergleichsmaterial	75
6.2.2 Ablagerungen der letzten Kaltzeit	78
6.2.3 Ältere Quartärablagerungen	81
6.2.4 Ablagerungen als Indikatoren quartärer Klimaschwankungen in Nigeria	90
6.3 Substrate als Paläoumwelt-Indikatoren	91
7. Formenanalyse	93
7.1 Rumpfflächen	93
7.1.1 Rampenanstiege	98
7.1.2 Rumpfflächentypen	105
7.1.3 Fußflächen	105
7.1.3.1 Fußflächenbildung durch Pedimentation	105
7.1.3.2 Fußflächenbildung durch Parapedimentation	107
7.2 Stufen	110
7.3 Abtragungsvollformen	123
7.3.1 Inselberge	124
7.3.2 Inselgebirge	127
7.3.3 Rumpfbergländer	131
7.4 Oberflächenformen in Zentral- und Nordostnigeria - Formenvielfalt in einer mobilen Schildregion	137
8. Modellvorstellungen zur Umgestaltung von Rumpfebenen als Folge von Abdachungsverstärkungen	141
9. Zusammenfassung: Endogene und exogene Einwirkungen auf die Landschaft Zentral- und Nordostnigerias	145
9.1 Endogene Einwirkungen auf die Landschaftsentwicklung	145
9.2 Exogene Einwirkungen auf die Landschaftsentwicklung	146
10. Schlußbetrachtungen	149
Literatur	171

FIGUREN

1 Die Rekonstruktion von Umweltveränderungen aus der Landschaft
2 Kartierungsgrundlagen für die Geomorphologische Übersichtskarte von Zentral- und Nordostnigeria
3 Modelle zur Rumpfflächengenese
4 Übersicht über die im Text erwähnten Lokalitäten
5 Tektonische Skizze von Jos-Plateau und Benue-Trog
6 Geologische Karte von Nigeria
7 Geomorphologische Übersichtskarte von Zentral- und Nordostnigeria
8 Sedimentfüllung am unteren Gongola bei Kiri
9 Isohyeten, Isohygromenen und Vegetationszonen in Nigeria
10 Potentielle natürliche Vegetation und anthropogene Vegetationsformationen in Nigeria
11 Die Böden Nigerias
12 Zonale Unterschiede der Bodenbildungsprozesse in Nigeria
13 "Jüngere Granite" in Nigeria
14 Typische Entwicklungsstadien eines Calderakomplexes
15 Schichtenfolge des Deckgebirges in Zentral- und Nordostnigeria
16 Klimaveränderungen und Krustenbewegungen in Nigeria in den letzten 120 Millionen Jahren
17 Tschad-Sedimente in Maiduguri
18 Entnahmestellen von Ferricret- und Saprolitproben
19 Relative Anteile der Hauptkomponenten im untersuchten Verwitterungsmaterial
20 Tafelberge am Werram
21 Profil 2 der FVS (Analyseergebnisse)
22 Zirkon/Titan-Verhältnisse der Proben aus Profil 2
23 Bauxitbildung nach MCFARLANE 1983
24 Der Bezug zwischen Grundwasser und Verwitterungsprofil bei der Bauxitbildung nach VALETON 1983
25 Die stratigraphische Position lateritischer Verwitterung in der Fluviovulkanischen Serie
26 Geotektonische Skizze vom Westrand des Jos-Plateaus
27 Lateritprofil Gabarin (Bauchi-Rumpffläche)
28 Verwitterungsprofil auf Jüngerem Basalt westlich des Jos-Plateaus
29 Entnahmestellen von Sedimentproben
30 Korngrößensummenkurven jungpleistozäner Schlammstromabsätze und holozäner Ablagerungen

31 Aufschluß am Fuß des Ngell-Wasserfall (Analyseergebnisse)
32 Terrasse am Wase-Fluß (Probenentnahmestellen)
33 Terrasse am Wase-Fluß (Analyseergebnisse)
34 Querprofil vom Longuda-Plateau zum Gongola
35 Fußfläche zwischen Longuda-Plateau und Gongola-Fluß (Profilserie)
36 Flächenterminologie zur Landschaftsgliederung Nigerias
37 Schrägflächen
38 Rampenanstieg nördlich der kontinentalen Wasserscheide zwischen Kaduna- (Nigersystem) und Chalawa- (Tschadsystem) Einzugsgebiet
39 Rumpfflächentypen in Nigeria
40 Tiefgründig verwitterte Rumpfebene westlich der Mandara-Berge
41 Stereogramm: Fadama-Anzapfung westlich von Pankshin (SE-Rand des Jos-Plateaus)
42 W-E-Schnitt durch das Gongola-Tal bei 10° 35'n.Br.
43 SLAR: Teilweise freigelegtes Paläorelief zwischen Gongola und Kerri-Kerri-Plateau
44 Die Fußflur des Tilden-Beckens (Profile)
45 Steilstufen in Zentral- und Nordostnigeria
46 SLAR: Südrand der Bauchi-Ebene
47 SLAR: Südostrand des Jos-Plateaus (Shemankar-Becken)
48 Transformstörung im Blockbild
49 SLAR: Westrand des Jos-Plateaus
50 Längsprofil des Farin Ruwa-Flusses
51 Geomorphologische Skizze der Rukuba-Berge
52 Rukuba-Berge (Profile)
53 SLAR: Solli-Bergland
54 Verformung eines Würfels durch Scherspannung und die Bildung von Dombergen
55 Inselgebirgstypen in Nigeria
56 Inselgebirge bei Hong
57 Profilschnitt durch die Kagoro-Berge
58 SLAR: Geologie und Landformen am Südwestrand des Tschad-Beckens
59 Stereogramm: Geschlossene Depression im Bergland ESE Pankshin
60 Stereogramm: Zirkusschluß östlich von Jos
61 Die Umgestaltung einer Rumpfebene mit tiefgründiger Verwitterungsdecke infolge positiver Bewegungen der Erdkruste (Modell)

TAFELN (nach dem Anhang)

T 1/1　Dünnschliff Probe 234: korrodierter Quarz
T 1/2　Dünnschliff Probe 113: Goethitpalisaden
T 1/3　Foto: Zone der Bunten Tone mit Basalt-Reliktgefüge
T 1/4　Dünnschliff Probe 236:Gibbsit und Pyroxen-Pseudomorphose

T 2/1　Dünnschliff Probe 233: Ferricret aus Bodensediment
T 2/2　Dünnschliff Probe 233: Detail aus Matrix mit Hämatitagglomeration, Goethitcortex und Gibbsit
T 2/3　Dünnschliff Probe 298: Ferricret aus Sandstein
T 2/4　Dünnschliff Probe 294: verwitterter Metamorphit

T 3/1　Dünnschliff Probe 421: Basaltsaprolit mit Manganausfällungen
T 3/2　Dünnschliff Probe 421: Basaltsaprolit und Solum
T 3/3　Dünnschliff Probe 422: Gibbsitbildung in porenreichem Saprolit
T 3/4　Dünnschliff Probe 422: Kaolinitbildung in Schrumpfriß

T 4/1　Dünnschliff Probe 277: angewitterte Feldspäte in montmollilonitischer Matrix mit Schrumpfrissen
T 4/2　Dünnschliff Probe 279: spätiger Calcit
T 4/3　Dünnschliff Probe 27: angewitterter Feldspat
T 4/4　Dünnschliff Pr0be 341: verwitterter umgelagerter Basalt in calcitischer Matrix

T 5/1　REM-Aufnahme Probe II/29A: Goethit-Agglomerate der Cortex
T 5/2　REM-Aufnahme Probe MP 13: Ätzspuren auf Primärquarz
T 5/3　REM-Aufnahme Probe MP 13: Fe-Oxide; Pseudomorphie auf Ätzspuren
T 5/4　REM-Aufnahme Probe Ga 3: Gibbsitkristalle

T 6/1　REM-Aufnahme Probe 65: Plagioklas
T 6/2　REM-Aufnahme Probe 204: verwitterte Feldspäte, Quarz
T 6/3　REM-Aufnahme Probe 204: kavernöser Quarz
T 6/4　REM-Aufnahme Probe 204: geätzter Quarz mit Kieselsäureanwuchs

T 7/1　Aufschluß am Fuß des Ngell-Wasserfalles
T 7/2　Terrasse am Wase-Fluß
T 7/3　Landsat-Aufnahme und geomorphologische Karte vom Ostrand des Longuda-Plateaus

T 8/1　Wase-Rock
T 8/2　Azonaler Inselberg bei Zaria
T 8/3　Zaranda-Berg W Bauchi
T 8/4　Prallkonvexe Grundhöcker östlich von Jos

Einlage im hinteren Deckel:

Karte 1: Geomorphologische Karte: Nordrand des Jos-Plateaus (Nigeria)

"Das Wissen liegt gebunden vor dem Streit.
Sein bestes Erbe heißt Gelassenheit."
Albrecht Haushofer (1945): Moabiter Sonette, Sonett LIX.

1. Einführung

Nigeria ist für Geowissenschaftler ein reichhaltiges und herausforderndes Land. Es ist reich an Bodenschätzen, aber auch an Informationen, die erdgeschichtliche Dimensionen von hunderten von Jahrmillionen erschließen. Es liegt überwiegend in den wechselfeuchten Tropen, reicht jedoch an seinen Grenzen im Norden fast an den Rand der Wüste und besitzt im Süden Anteil am tropischen Regenwald. Oberflächenformen, Verwitterungsdecken und Sedimente geben zu erkennen, daß die heutige Abfolge der Klimazonen und die Wirkungsbereiche von Vorzeitklimaten nicht deckungsgleich sind. Es wird deutlich, daß Nigeria innerhalb des alten Kontinentes Afrika ein relativ mobiler Teil ist. Nigeria kann auf eine bewegte Erdgeschichte zurückblicken, die sich aus der Untersuchung von Formen und Substraten erschließen läßt. Trotz zahlreicher Veröffentlichungen, die sich mit der Entwicklung oder Verifizierung von Erklärungsmodellen zur Erd- und Landschaftsgeschichte Nigerias beschäftigen, ist es eine lohnende Herausforderung geblieben, sich mit diesem Thema auseinanderzusetzen.

Seit rund achtzig Jahren wird die geomorphologische Forschung bestimmt aus dem Gegensatz zwischen klimageomorphologischer und strukturgeomorphologischer Betrachtungsweise bei der Erklärung von Oberflächenformen. Dieser Gegensatz wurde in zahlreichen Publikationen formuliert, vor allem in Veröffentlichungen zur Entstehung flacher Abtragungslandschaften. Es entstanden Schulen, deren Anhänger sich erbittert auseinandersetzten, ja bekämpften.

Ein wesentliches Anliegen dieser Arbeit ist es, eine Synthese für dem mittlerweile von vielen als anachronistisch empfundenen Gegensatz zwischen Struktur- und Klimageomorphologie zu geben. Nigeria ist dafür als Untersuchungsraum in besonderem Maße geeignet. Als Argumentationsgrundlage dienen die Gelände- und Laborbefunde. Vor deren Darstellung und Interpretation sind jedoch einige einleitende Überlegungen notwendig.

2

"Die Erdoberfläche ist somit ein Reaktionsfeld zwischen einander entgegengerichteten Kräften, von denen die Wirksamkeit der einen abhängt von dem voraufgehenden Wirken der anderen."
Walther Penck (1924): Die morphologische Analyse, S.2

2. Grundgedanken

2.1 Das Relief - Folge von Umwelteinflüssen

Das Relief nimmt im Schalenbau der Erde eine Sonderstellung ein. Es ist nicht eine der Sphären zwischen Außenhülle der Atmosphäre und Erdkern, sondern Grenzfläche zwischen den Sphären. Das Relief wird bestimmt durch Energieflüsse, die aus dem Erdinnern und solchen, die aus dem Weltall wirken. Das Relief ist Durchdringungsfläche endogen (tellurisch) und exogen (kosmisch, v.a. solar) beeinflußter Kreisläufe. Die Kreisläufe sind miteinander verkoppelt und beeinflussen sich gegenseitig. Im Bereich des Reliefs werden erhebliche Umsätze im Nahrungs-, Wasser- und Energiehaushalt der Erde getätigt. Energieflüsse, Kreisläufe, Umsätze bewirken reliefbildende und reliefzerstörende Prozesse. Dies alles ist Teil unserer Umwelt. Es sind somit Umweltbedingungen, die bestimmen, welche Talformen, Hohlformen, Hänge, Stufen, Flächen und Bergformen entstehen (s.a. ROHDENBURG 1989). Das Relief ist Ergebnis der Umsätze von Energie und Materie (=Substraten). Die damit zusammenhängenden Formungsprozesse sind unter vorzeitlichen Umweltbedingungen abgelaufen. Damit ist das Relief, vor allem wenn man die Substrate von Pedo-, Dekompositions- und Lithosphäre in die Betrachtung einbezieht, auch Indikator ehemaliger Umwelteinflüsse. Es ist der Informationsspeicher eines Systems (Fig.1), in dem das vorzeitliche Wirkungsgefüge als "schwarzer Kasten" (black box) anzusehen ist.

Als Teil des Schwarzen Kastens sind die Informationsträger allerdings Veränderungen unterworfen und somit oft polygenetisch. Das erschwert die Entschlüsselung der Informationen, mindert deren Wert jedoch nicht grundlegend. *Formenanalyse* und *Substratanalyse* i.S.v. ROHDENBURG (1989) waren deshalb die wichtigsten Hilfsmittel für die Ermittlung vorzeitlicher Umwelteinflüsse zur Erklärung des Reliefs.

2.2 Formen- und Substratanalyse - Voraussetzung für die Erklärung der Reliefentwicklung

Formen und Substrate sind die einzigen Informationsträger über vorzeitliche Umweltbedingungen. Die Entschlüsselung der Informationen ergibt Hinweise auf Prozesse, die in der Vergangenheit abgelaufen sind. Je genauer das heutige Relief und die Substrate untersucht und deren Alter festgelegt werden, desto umfassender werden die Kenntnisse über Art und Dauer vorzeitlicher Umwelteinflüsse.

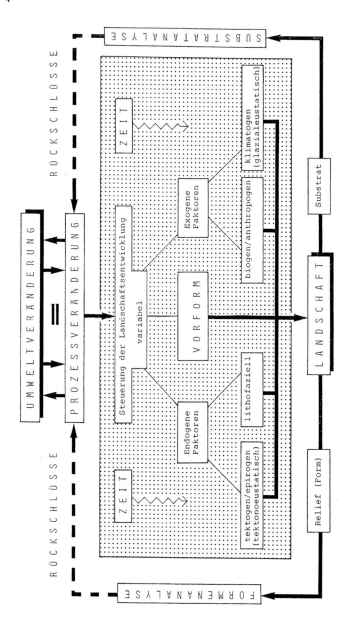

Fig.1: Die Rekonstruktion von Umweltveränderungen aus der Landschaft (ZEESE 1993).
Die Informationen über vorzeitliche Umweltbedingungen sind in Formen und Substraten gespeichert.

Die Oberflächenformen, vor allem Flächen, Stufen und Vollformen, wurden deshalb soweit möglich flächendeckend erfaßt und in Subtypen differenziert, um vergleichend argumentieren zu können. Die großräumige Kartierung und Gliederung erfolgte durch Fernerkundung (Luftbilder, multispektrale Satellitenaufnahmen, Seitwärtsradaraufnahmen; Fig.2), ergänzt durch Karteninterpretation und Kartierung im Gelände.

Methodische Schwierigkeiten ergaben sich wegen der manchmal unscharfen Grenzen zwischen den morphologischen Einheiten, die im flächendeckend verfügbaren Datenmaterial (Landsat, SLAR) nicht in allen Fällen identifiziert werden konnten. Dies galt vor allem für Stufen und Untereinheiten der Abtragungsflächen. Unterschiedlich hoch gelegene Flächen sind oft nicht durch Stufen, sondern durch flache Anstiege ("Rampenanstiege" ZEESE 1989) oder durch Bergformen getrennt. Die flachen Anstiege bilden eigenständige Flachrelieftypen und sind manchmal durch die eingetieften Talformen oder eine Reliefrauheit erkennbar, aber schwer abzugrenzen. Die Abgrenzung von Stufen innerhalb der Bergländer durch SLAR- und Landsat-Aufnahmen war meist nicht möglich. Es war nur der Fuß einer Stufe oder eines Berglandes und der Außensaum einer höheren Fläche auszumachen. Stufen wurden deshalb in Fig.7 nur außerhalb von Bergländern dargestellt.

Terminologische Probleme traten vor allem bei der Zuordnung der Formentypen auf. Solche Probleme sind keineswegs neu. Schon LEHMANN hat 1964 auf "Glanz und Elend morphologischer Terminologie" hingewiesen. Die aus unterschiedlichen Interpretationen resultierenden Begriffe (s. Kap.3 und Anmerkungen bei Fig.3), die streng genommen nur verwendet werden dürfen, wenn ein klarer Bezug zur Genese gegeben ist, haben weiter zugenommen. Eine genetische Formenansprache ist jedoch oft erst nach eingehender Geländearbeit, manchmal nicht einmal dann möglich. Deshalb ist in vielen Fällen die Anwendung genetisch definierter Begriffe eigentlich nicht zulässig. Konsequenterweise wurden deshalb entweder beschreibende Begriffe verwendet (Beispiel: "Fußfläche"), Begriffe auf den beschreibenden Aspekt reduziert (Beispiel: "Rumpffläche") oder Begriffe aus dem allgemeinen Sprachgebrauch in die Fachterminologie übernommen (Beispiel "Rampenanstieg", ZEESE 1989).

Für die Erklärung der Formenvielfalt und vor allem der Großformen wurde vor allem der *strukturmorphologische Ansatz* angewendet. Die Auswirkungen der lithofaziellen Prägung des Untergrundes (=Petrovarianz i.S.v. BÜDEL), der durch Krustenbewegungen veränderten Abdachungsverhältnisse (=Epirovarianz) und der stärker linear wirksamen Verstellungen (=Tektovarianz) wurden an Beispielen ermittelt. Aus dem Vergleich von großräumiger An-

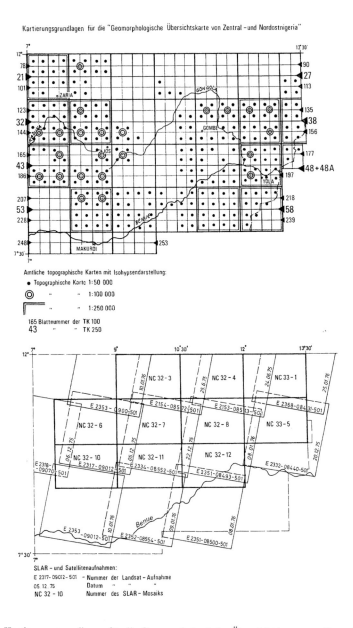

Fig.2: Kartierungsgrundlagen für die Geomorphologische Übersichtskarte von Zentral- und Nordostnigeria

ordnung der Formen und Formengesellschaften mit den anstehenden Gesteinen ergaben sich Aussagen zu tektonischen und lithofaziellen Ursachen der Formenentwicklung (ZEESE 1989; 1992). Besonders deutlich wurden die Zusammenhänge bei der Anordnung von Stufen, die entweder durch Gesteinsunterschiede oder durch Verstellungen zu erklären sind. Über die Formenanalyse war es möglich, Hinweise auf Bewegungsmechanismen der Erkruste zu gewinnen (Kap.7.2, s.a. ZEESE 1989).

Bei Formen, die nicht aus Gesteinsgefüge und Tektonik erklärt werden konnten, wurden gegenwärtige oder vorzeitliche Klimaeinflüsse zur Erklärung einbezogen. Im Falle Nigerias war bei den Geländearbeiten bereits ersichtlich, daß viele Klein- und Mesoformen nicht aus den gegenwärtigen Klimabedingungen zu verstehen sind, sie somit Vorzeitformen darstellen. Deshalb wurde hier der *klimagenetische Ansatz* angewendet, der "die Reliefentwicklung im zeitlichen Wandel des Klimas" (BREMER 1989, 46) untersucht. Der Vorzeitcharakter von Formen war dadurch erkennbar, daß sie durch gegenwärtig im Bezugsraum nicht mehr ablaufende Prozesse geschaffen wurden. Beispiele sind im Untersuchungsgebiet die inaktiven Dünen Nordnigerias (GROVE 1957; MENSCHING 1979), die trockenere Verhältnisse voraussetzen (s.a. ZEESE 1991b, 1991c) oder große geschlossene Lösungshohlformen in Silikatgesteinen (THORP 1967a), die feuchtere Bedingungen für die Entstehung benötigten (s.a. ZEESE 1983; 1990; 1991a; 1992; 1993; ZEESE et al. 1994). Aus dem Auftreten von Vorzeitformen leitete sich die Notwendigkeit ab, sie durch paläoklimatisch gesteuerte Prozesse zu erklären und weitere Hinweise auf den Charakter der Vorzeitklimate zu finden. Hierbei war die Substratanalyse besonders hilfreich.

2.2.2. Substratanalyse

Die Substratanalyse hat dank der höheren Speicherfähigkeit von Vorzeiteinflüssen in Verwitterungsdecken und korrelaten Sedimenten eine herausragende Stellung für die Klärung der Landschaftsgeschichte eines Raumes. Über die Substratanalyse wurden Informationen auf vorzeitlich wirksame Prozesse aus in situ verwittertem und aus umgelagertem Material gewonnen. Die Interpretation der Verwitterungsprofile erlaubte Aussagen zur standortabhängigen Materialaufbereitung (s. ZEESE et al. 1994). Die umgelagerten Komponenten wurden als Korrelate zu Transport- und damit Abtragungsbedingungen ausgewertet (s. ZEESE 1991b; 1992).

Bei der Substratanalyse galt es zu berücksichtigen, daß die Eigenschaften der untersuchten Materialien vom Ausgangssubstrat, von Transport-, Sortierungs- und Ablagerungsprozessen und von der Diagenese bestimmt werden. Die Auswahlkriterien für die Substratanalysen bezogen sich auf zwei Fragestellungen: Wann kam es zu intensiven chemischen Verwitterungserscheinungen und welche Befunde gibt es darüber? Welchen Transportmechanismen waren die quartären Ablagerungen unterworfen und zeigen sie verwitterungsbedingte Unterschiede?

Dazu wurde das Probenmaterial aus Sediment- und Verwitterungsdecken im Labor analysiert, vor allem durch Korngrößenbestimmungen, Schwermineralanalysen, Röntgendiffraktrometrie, Bauschanalysen, Dünnschliffanalysen und bei Bedarf REM-Aufnahmen. Die Analysedaten, auf die in Text und Abbildungen eingegangen wird, sind im Anhang zusammengefaßt.

Die eigenen Untersuchungen wurden ergänzt durch ein interdisziplinäres Forschungsprojekt, in dessen Verlauf eine Reihe weiterer Methoden an einem Teil der Proben Anwendung fand. Die Methoden sind in den entsprechenden Veröffentlichungen genauer beschrieben (BEISSNER 1985; BECKER 1989; VALETON 1991; ZEESE et al. 1994). Als schwierig erwies sich die Alterseinordnung der untersuchten Profile und Handstücke.

2.2.3. Alterszuordnung von Formen und Substraten.

Mindestalter für Formen waren gegeben durch datierbare überlagernde Sedimente, sowie durch datierbare Intrusiva (BOWDEN & KINNAIRD 1984) und Vulkanite (GRANT et al. 1972; RUNDLE 1975; 1976; Anhang 1). In organischem Material aus Sedimenten wurden C-14-Bestimmungen durchgeführt (Anhang 2). Das Maximalalter eines Verwitterungsprofiles in der Fluviovulkanischen Serie des Jos-Plateaus wurde über die Fossilführung eines basalen Seetones altersmäßig eingeengt (Kap. 6.1.2.2; TAKAHASHI & JUX 1989). Des weiteren wurde eine Hypothese überprüft und verifiziert:

Es wurde angenommen, daß Verwitterungsdecken relative Altersbestimmungen von Landoberflächen ermöglichen. Dabei galten folgende Prämissen:
- Ein Paläoboden ist jünger als die letzte bedeutende subaerische Abtragungsphase auf der von dem Boden überzogenen Landoberfläche. - Eine langanhaltende Periode der Bodenbildung im Abtragungsgebiet ist durch geringe bis fehlende Detritussedimetation im Ablagerungsraum gekennzeichnet.
- Paläoböden wie auch tiefere Teile von Verwitterungsprofilen weisen in Abhängigkeit von Bildungsintensität und Diagenese Merkmale auf, die eine Unterscheidung unterschiedlich alter Profile erlauben.
-Über die vergleichbaren Merkmale von Böden und von tieferen Teilen der Verwitterungsprofile lassen sich dann an anderer Stelle unterschiedlich alte Landoberflächen voneinander trennen ("morphostratigraphic markers" i.S.v. TWIDALE 1984, 113; s.a. ZEESE 1990; 1991a).

Deshalb wurden Kriterien zur Unterscheidung von Paläoböden bzw. Paläoverwitterungsprofilen erarbeitet. Da die zeitliche Einordnung mehrerer im Jos-Plateau gelegenen Referenzprofile gelang (ZEESE 1992; ZEESE et al. 1994), ist für Zentralnigeria eine Methode zur Festlegung des Mindestalters von Abtragungsflächen gegeben.

"Je weniger man weiß, desto leichter entsteht eine Hypothese"
Martin Schwarzbach (1974): Das Klima der Vorzeit, 3. Aufl., S.1

3. Modellvorstellungen zur Entstehung von Rumpfflächen - Hilfsmittel zur Verständigung

Die Untersuchungen waren anfangs stark durch die Auseinandersetzung mit Modellen zur Genese von Rumpfflächen- und Inselberglandschaften bestimmt. Hatten doch einerseits BREMER (1971 und danach) bei der Verifizierung und Weiterentwicklung der Gedanken von BÜDEL sowie andererseits PUGH & KING (1952), PUGH (1956) sowie ROHDENBURG (ab 1969) sehr unterschiedliche Vorstellungen aus ihren Untersuchungen in Nigeria entwickelt. Als ausgesprochen hinderlich erwies sich der Anspruch der Modellprotagonisten auf die globale Anwendbarkeit und ausschließliche Anwendbarkeit ihrer Modelle. Dieser keinesfalls gerechtfertigte Anspruch wurde mit den Jahren aufgeweicht und vor allem ROHDENBURG nahm immer mehr Abstand davon. Auch wurde immer klarer, daß die Oberflächenformen Nigerias polygenetisch sind (ZEESE 1983; HÖVERMANN & HAGEDORN 1984). Dies gilt in besonderem Maße für Rumpfebenen, die von einer tiefgründigen, oft über 100 m mächtigen Verwitterungsdecke überzogen sind. Um sie zu verstehen, kann man sich nicht mit einem der Modelle, die zur Erklärung flacher Abtragungslandschaften entwickelt wurden, begnügen (ZEESE 1993) . Das zeigt bereits ein Vergleich der Modelle.

Bei der Modellbildung für die Erklärung einer vollständig oder überwiegend durch Abtragung gestalteten Fläche (Fig.3) kann man zwei Ausgangssituationen annehmen: Entweder ein Relief oder eine Fläche.

An vielen Stellen der Erde sind die Folgen der Gebirgsbildung im geologischen (=Orogenese) und geomorphologischen (=große Massenerhebung) Sinn offensichtlich. Viele Abtragungsflächen lassen Strukturen erkennen, die den Schluß auf eine vorausgegangene Orogenese zwingend machen. Für solche Fälle mußte die Einebnung des Reliefs erklärt werden. Die Vorstellung ging dahin, daß ein Faltengebirge durch exogene Formungsprozesse letztendlich bis auf den Rumpf abgetragen wird. Diesen Vorstellungen entspringt der Begriff *Rumpffläche*. Es wurden Modelle entwickelt, die von einem Relief ausgehen, das durch Abtragung zur Fläche umgewandelt wird; die Fläche entsteht neu durch Reliefreduzierung. Man kann sie als *Modelle der Flächenneubildung* zusammenfassen.

Für weite Areale jedoch, vor allem auf Schilden, liegt die letzte Orogenese so weit zurück, daß für die jüngere geologische und damit für die geomorphologische Entwicklung epirogene, bestenfalls bruchtektonische Bewegungen herangezogen werden können.

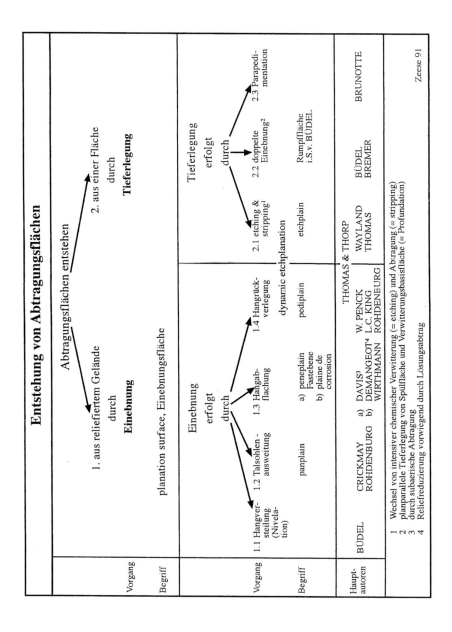

Fig.3: Modelle zur Rumpfflächengenese

Abtragungsflächen sind nicht nur dort, sondern auch in den angrenzenden stabilen Schelfen über flachlagernden wechselnd widerständigen Gesteinen ausgebildet. Deshalb wurde der Begriff Rumpffläche auch auf solche Gebiete übertragen, die keine Merkmale der Gebirgsbildung aufweisen, weder im geographischen noch im geologischen Sinne. Es entstanden Modelle, die davon ausgehen, daß auf einer Fläche Abtragung herrscht, die Form der Fläche dadurch jedoch nicht wesentlich verändert wird. Man kann sie als *Modelle der Flächenbewahrung* zusammenfassen.

3.1 Modelle der Flächenneubildung

Peneplanation

Der Vorgang der Flächenbildung durch Reliefabflachung wird meist mit dem Formungszyklus (= cycle of erosion) von W.M.Davis (1899) verknüpft, der zur Entstehung von Peneplains führt. Peneplains oder Fastebenen sind das Endstadium der Abtragung nach einem langen Zeitabschnitt tektonischer Ruhe. Bei dem ursprünglichen Modell finden allerdings für die Erklärung der Peneplain unterschiedliche Einflüsse des Klimas und der Lithofazies keine Berücksichtigung. Auch setzt es ein zeitliches Nacheinander von Hebung und Zertalung voraus. WILHELMY (1990, 134 f.) sieht hierin ein Hauptargument für die Ablehnung der Vorstellungen von DAVIS. Weltweit gab es aber langanhaltende Zeitabschnitte geringer tektonischer Aktivität und Phasen verstärkter Tektogenese. Eine zyklische Entwicklung des Formenschatzes ist deshalb zu erwarten. Wahrscheinlich war nicht nur im frühen Mesozoikum vor dem Aufbrechen des Riesenkontinentes Gondwana in Nigeria eine Landoberfläche ausgebildet, die der Fastebene i. S. v. DAVIS sehr nahe kam, sondern auch in jüngeren Abschnitten geringer plattentektonischer Aktivität wie am Übergang Oberkreide/Alttertiär.

Korrosion

Eine extreme Reliefabflachung durch Abtragung aller Gesteine setzt deren Aufbereitung bis in kleine Korngrößen voraus. Die Entstehung der feinsten Fraktionierung durch Tonmineralneubildung ist wohl nur durch intensive chemische Verwitterung zu erreichen. Hierbei muß ausreichend Wasser zur Verfügung stehen und die meisten Reaktionen laufen bei erhöhten Temperaturen rascher ab als bei niedrigen. Darauf hat WIRTHMANN (seit 1965) immer wieder hingewiesen. "Chemische Abtragung stellt auch unter Regenwaldbedeckung mit Sicherheit die effektivste Möglichkeit einer Reliefminderung vom Hügelland zur Flachlandschaft dar, da sie vor allem an den höheren Reliefteilen ansetzt, weil dort die Durchspülung am stärksten ist" (WIRTHMANN 1983,167; s.a. THOMAS 1978). Die durch Lösungsabtrag (WIRTHMANN 1987,73ff.) entstandene Ebene wäre eine "Korrosionsebene"

(DEMANGEOT 1978) oder "Etchplain s.s." (s. THOMAS 1989a). Mit der Korrosion werden Reliefabflachungen in Kalkgesteinen und Flächenneubildungen von Karstrandebenen seit langem erklärt. Es gibt keinen Grund, weshalb eine Flächenneubildung durch Korrosion nicht auch auf Silikatgesteinen (=Silikatkarst) ablaufen kann. Günstige Voraussetzungen dafür waren - mit Unterbrechungen - in Zentral- und Nordnigeria zum Beispiel seit der Oberkreide bis ins Miozän gegeben.

Fastebene und Korrosionsebene sind als Folge einer Reliefentwicklung anzusehen, bei der die Hänge zwischen den Tälern abgeflacht werden. Beim Modell von DAVIS bereitet allerdings die Annahme Schwierigkeiten, daß auch die Hänge tiefeingeschnittener Täler (=Jugendstadium) vor allem durch Hangabflachung verändert werden. Auch wurden Vorstellungen entwickelt, wonach Korrosion zur Hangversteilung und Ausweitung von Ebenen führen soll ("Hangfußeffekt" nach BÜDEL 1986, s.S. 19 f.).

Pediplanation

Dagegen steht die Erkenntnis, daß in tief zertaltem Gelände nach Erlahmen der Hebungstendenz Flachreliefs durch Hangrückverlegung entstehen können (W. PENCK 1924; L.C. KING 1949; ROHDENBURG 1989). Die daraus resultierende Flachform wird seit Mc-GEE (1897; s.a. MENSCHING 1973; WENZENS 1978; WHITAKER 1979; BRUNOTTE 1986) als Pediment, im deutschen Sprachgebrauch auch deskriptiv als Abtragungsfußfläche bezeichnet. Das Pediment kann in eine Aufschüttungsfußfläche übergehen. In älteren Arbeiten erklärten ROHDENBURG (z.B. 1969, 1970a, 1970b, 1977, 1978) und FÖLSTER (1969) alle Abtragungsflächen in Nigeria durch Pediplanation. Die Ausweitung von Fußflächen durch Hangrückverlegung ist in Nigeria für das Pleistozän nachweisbar (ZEESE 1993) und soll nach HEINRICH (1992) auch im Holozän wirksam gewesen sein.

Bei dem ursprünglichen Modell finden allerdings Gesteinsunterschiede wie auch die klimabedingten Aufbereitungsprozesse keine Berücksichtigung. Fragwürdig ist die Alterseinstufung der Flächen, die vor allem nach der Höhenlage erfolgt. Tiefere Flächen sollen generell jünger sein. Die Stufen zwischen den Flächen sind als Pedimentationsstufen wie auch die Flächen Folge einer Hangrückverlegung. Die Vorstellung einer planparallelen Hangrückverlegung, wie sie KING vor allem seit 1957 forderte, ist allerdings bereits bei geringen Gesteinsunterschieden unrealistisch. Auch erscheint es sehr unwahrscheinlich, daß zunächst durch Versteilungen eine hohe Stufe entsteht, die danach über große Distanz zurückverlegt wird ("back-wearing of an erosion scarp some 2000 feet high"; PUGH 1956, 363).

Bei langanhaltender Pedimentation bewirkt das Zusammenwachsen der Pedimente die Entstehung weitgespannter Flachreliefs, der Pediplains. Die durch Hangrückzug entstehende Flachform dacht deutlich zu den Vorflutern hin ab ("Hangpedimente" i.S.V. ROHDENBURG 1989). Die Abdachung extrem flacher Rumpfflächen dagegen soll nach BÜDEL (1986) oft dem Gefälle der Vorfluter gleichgerichtet sein, die dann parallel zueinander fast im Niveau der Fläche fließen. Dies kann durch Pedimentation nicht erklärt werden.

Panplanation

Zur Erklärung dieser Beobachtung griff ROHDENBURG (1983) die Vorstellungen von CRICKMAY (1933) wieder auf, wonach die laterale Ausweitung der Flußbettränder in einem bereits flachen Relief Flußsysteme miteinander zu einer ausgedehnten Panplain zusammenwachsen läßt. Die durch Seitenerosion der Flüsse bedingten Abtragungsflächen bezeichnet er als Talbodenpedimente, "deren Abdachungsrichtung mit derjenigen der Flüsse übereinstimmt" (ROHDENBURG 1989, 62).

Bildung von Ausgleichsflächen

Alle bisher dargestellten Modellvorstellungen gehen von Vorgängen der Reliefreduzierung durch Abtragung bei im wesentlichen konstanter Abflußbasis aus. Das anfallende Material wird weitestgehend abgetragen. Reliefabflachung als Reliefausgleich durch Bildung von Ausgleichsflächen (i. S. v. WIRTHMANN 1987, 159) wird als Erklärungsmöglichkeit weitgespannter, von einer Verwitterungsdecke überzogener Ebenheiten weniger in Erwägung gezogen als bei den Fußflächen. Lediglich die Panplain kommt den Vorstellungen von einer Ausgleichsebene nahe. Im Falle von Ausgleichsflächen besteht ein Teil der Fläche aus Aufschüttungen. Ausgleichsflächen können bei der Ausweitung von Sedimentationsräumen randlich in Transgressionsflächen übergehen (s. NEGENDANK 1983 und LÖHNERTZ 1987 für das Rheinische Schiefergebirge). Die Entstehung derartiger Transgressionssäume ist in Nigeria an den Rändern der Sedimentationsbecken anzunehmen und gelegentlich durch einen Sedimentschleier nachweisbar. Da die jüngere Landschaftsentwicklung in Zentral- und Nordnigeria größtenteils durch differenzierte Hebung und Meeresregression gekennzeichnet ist und der abflußlose Tschadsee eine junge Austrocknung erfahren hat, sind die Bedingungen für die aktuelle Entstehung von Transgressionsflächen nicht gegeben. Man wird auch davon ausgehen können, daß Transgressionen eher vorhandene Flächen nutzen als neue Flächen schaffen.

Ausgleichsflächen entstehen aber auch, wenn ein Sedimenttransport mangels anhaltender Wasserführung der Flüsse vor allem von den Zwischentalscheiden in die Vorfluter erfolgt und klastisches Material dort nur zum Teil mit Hochflutspitzen über kurze Distanz verlagert wird. SEUFFERT (1976, 1981) bezeichnet die in einem semiariden Klima mit irregulären, räumlich eng begrenzten Niederschlägen ablaufenden Vorgänge als "progressiven Lastwandel". Das Material erfährt bei dem schwallartigen suspensionsreichen Transport kaum eine Sortierung oder Zurundung. Es ist nach einer Überprägung durch chemische Verwitterung nur schwer als oft mehrfach umgelagertes Produkt erkennbar. Nach den Befunden der Substratanalyse könnte im Untersuchungsraum eine Reliefabflachung über die Bildung von Ausgleichsflächen im Gefolge progressiven Lastwandels bewirkt worden sein. Günstige Rahmenbedingungen für die Bildung von Ausgleichsflächen durch progressiven Lastwandel herrschten in Zentral- und Nordnigeria in den trocken-kühlen Abschnitte der Kaltzeiten (s. Kap. 6.2).

3.2 Modelle der Flächenbewahrung

Neben den Vorstellungen, welche die Neubildung einer Fläche durch Reliefreduzierung erklären (=Modelle der Flächenneubildung) wurden andere entwickelt, die von einem bestehenden Flachrelief ausgehen. Dem liegt der Gedanke zugrunde, daß mit der Hebung eines Gebietes auch Abtragung einsetzt. Bei epirogenetischer Hebung und flächenhaft wirksamer Abtragung wäre kaum deutliche Reliefierung zu erwarten. Die Fläche wird lediglich allmählich tiefergelegt (deshalb: Modelle der Flächenbewahrung).

Doppelte Einebnung

Nach BÜDEL (seit 1957) erfolgt in den Savannenlandschaften der wechselfeuchten Tropen, der Zone der exzessiven Flächenbildung, eine derartig starke chemische Aufbereitung aller Gesteine, daß bei langsamer epirogener Heraushebung die Verwitterungsbasis, die er als "untere Einebnungsfläche" bezeichnet, genauso rasch tiefergelegt wird wie die Spüloberfläche. Letztere erfährt durch Abspülung zu Beginn der Regenzeit wegen der sehr schütteren Vegetation eine flächenhafte Abtragung. Hierzu ist kritisch anzumerken:
-Durch den "Mechanismus der doppelten Einebnungsflächen" (BÜDEL 1957) werden weder die Spülfläche noch die Verwitterungsbasis eingeebnet, sondern tiefergelegt. Bei der "Unteren Einebnungsfläche" handelt es sich zudem in Abhängigkeit von der Lithofazies oft um ein kryptogenes Grundhöckerrelief (BÜDEL 1977, 96).
-Eine großräumige planparallele Tieferlegung von Verwitterungsbasis und Landoberfläche über Jahrmillionen erfordert einen synchronen Ablauf von Aufbereitung und Abtransport. Sie erfordert zudem ein langanhaltendes Gleichgewicht zwischen endogenen und exogenen Bedingungen. Diese Annahmen sind unrealistisch (s.dazu auch z.B. WIRTHMANN 1987).
-Der von BÜDEL als "Arbeitsboden" bezeichnete Rotlehm, der im Zuge der Tieferlegung immer wieder erneuert werden soll, ist kein Savannenboden (SPÄTH 1985; BRONGER 1985;BRUHN 1990; BRÜCKNER & BRUHN 1992).
-Mächtige Verwitterungsprofile lassen oft Anreicherungszonen und -horizonte mit schwer löslichen Bestandteilen - bis zur Separierung in Subzonen des Saprolit (s.Kap.6.1) - erkennen. Dazu werden aber lange Zeitabschnitte subaerischer Formungsruhe, im Extremfall Millionen von Jahren (s. z.B. NAHON & LAPPARTIEN 1977), benötigt. Vor allem die Ausbildung

einer alle Gesteine überziehenden, weit über hundert Meter mächtigen Saprolitzone benötigt viel Zeit (s. THOMAS 1966 für Nigeria; OLLIER 1988b für Südostaustralien; FELIX-HENNINGSEN 1990 für das Rheinische Schiefergebirge). Neben dem Zeitfaktor spielen bei der Entwicklung geochemisch-mineralogisch zonierter Saprolitprofile Umweltfaktoren eine Rolle, die noch nicht vollständig entschlüsselt sind. Es gab offensichtlich Zeitabschnitte in der Erdgeschichte, die besonders günstige Voraussetzungen zum Beispiel für die Entstehung supergener durch Verwitterung gebildeter Reicherze boten (VALETON 1983; BARDOSSY & ALEVA 1990).

Die jüngsten Zeugnisse einer ferrallitischen Verwitterung stammen in Zentralnigeria wie in Mitteleuropa aus dem Pliozän, die jüngsten Bauxite aus dem Mittelmiozän (SCHWARZ 1989; ZEESE 1992). Rezent gebildete Böden dagegen sind im Flachrelief der wechselfeuchten Tropen (SEMMEL 1991) Regosole, Cambisole (Braunerden) und Luvisole (Lessivés). Cambisole und Luvisole entstanden meist entweder aus einem vererbten Saprolit oder aus Umlagerungsprodukten. Das heißt, die tiefgründigen Saprolitprofile mit bauxitisch/lateritischen Merkmalen sind in Zentral- und Nordnigeria als Produkt langanhaltender Dominanz der chemischen Verwitterung gegenüber der Abtragung anzusehen. Zu ihrer Entstehung sind Vegetationsbedeckung, wahrscheinlich auch ein Flachrelief notwendige Voraussetzung. Erst in der jüngeren Landschaftsentwicklung wird die Saprolitdecke in unterschiedlichem Ausmaß abgeräumt.

Auf die genannten Einwände reagierten die Verfechter des Modells einer planparallelen Tieferlegung von Verwitterungsbasis und Landoberfläche auf unterschiedliche Weise.

BREMER (z.B. 1986, 89) verlegte die Flächenbildung im traditionellen Sinne von BÜDEL in die immerfeuchten Tropen, da ihrer Ansicht nach nur dort eine vollständige Aufbereitung aller Gesteine möglich ist. Auch geht sie davon aus, daß dort "die flachen Geländeteile gegenüber den steileren in der Abtragung bevorzugt" sind. "Das ist die Umkehr der Denudationsbedingungen der Ektropen" (BREMER 1989, 154). Meines Erachtens wird von ihr zu wenig zwischen Aufbereitung und Abtransport unterschieden. Aufbereitung benötigt Wärmeenergie und viel Feuchtigkeit, Abtransport ist auf die kinetische Energie des Transportmediums angewiesen. Auch ist die flächenhafte Wirksamkeit der Transportmedien durch eine Vegetationsbedeckung erschwert.

Sicher richtig ist, daß eine erhöhte Energieeinnahme durch Solarstrahlung bei ausreichender Wasserversorgung die Aufbereitung des Gesteins fördert (s. Kap.6.1) und daß durch Tonaufschwemmung in Kombination mit Lösungsabtrag im Regenwaldklima eine weitere Abflachung - nicht jedoch rasche Tieferlegung - vorstellbar ist. Allerdings ist Tonaufschwemmung auf einer von Regenwald bestandenen Ebene Folge unsachgemäßer Bewirtschaftung durch den Menschen. Klarwasser- und Schwarzwasserflüsse sind frei von Suspensionsfracht. Auch sei nochmals darauf hingewiesen: Die Ausbildung mächtiger Saprolitprofile ist nicht nur dann unmöglich, wenn wenig Feuchtigkeit zur Verfügung steht, sondern auch, wenn das Profil laufend durch Abtragung gekappt wird.

Profundation und Nivelation

In einem posthum von BUSCHE überarbeiteten und herausgegebenen Manuskript hält BÜDEL (1986) im Unterschied zu BREMER am wechselfeucht-tropischen Klima als einer Grundvoraussetzung für die Flächenbildung fest. Der Vorgang der "doppelten Einebnung" wird als *Profundation* bezeichnet. Auch betont er ausdrücklich: "Der durch den Mechanismus der doppelten Einebnung erklärte Prozeß reiner Profundation reicht...zur Erklärung der Formengestalt der Tamilnadfläche (und damit der vielen gleichgestalteten Rumpfflächen der gesamten wechselfeuchten Tropen) nicht aus. Vielmehr muß während der Tieferlegung auch eine horizontale Ausweitung aller dieser Flächen stattgefunden haben" (BÜDEL 1986, 57). Die Vorgänge von mechanischer Flächenabtragung, Ausspülung und Ausweitung der Rumpffläche bezeichnet er als *Nivelation* (BÜDEL 1986, 13). Als Voraussetzung für eine großräumige Nivelation wird neben einem wechselfeuchten Klima eine "durch lange erdgeschichtliche Perioden sehr konstant gebliebene absolute Abtragungsbasis der Meeresküste" (BÜDEL 1986, 62) genannt. Verantwortlich für die Ausweitung einer Fläche ist der *Hangfußeffekt*. Dieser Begriff umschreibt folgendes: Am Hangfuß steht verstärkt Wasser zur Verfügung und zwar nicht nur für die Verwitterung, sondern auch für den Abtrag. Verstärkte chemische Verwitterung plus verstärkte Abspülung führen zum Zurückweichen der Unterhänge. Folge ist eine Verschärfung des Fußknickes und schließlich durch Abflachung des Spülsockels eine Ausweitung der Fläche bis an den Fußknick. Im Unterschied zur Pedimentation führt der Hangfußeffekt nicht zur Hangrückverlegung über große Distanz, sondern zur *Hangversteilung*, im Extremfall bis zur Bildung von Überhängen. Damit beschreibt er im Grunde die Ausweitung einer Korrosionsebene.

Profundation einer Ebene ist nur möglich, sofern eine - wenn auch schwache - relative Hebung erfolgt. Hebung verändert jedoch die Küstenlinie, deren langanhaltende Konstanz für die Wirkung der Nivelation Voraussetzung ist (BÜDEL 1986). Das heißt, Profundation und Nivelation müssen zumindest vom Ausmaß ihrer Wirksamkeit im Wechsel erfolgt sein.

Etchplanation

Damit nähern sich die Vorstellungen von BÜDEL sehr dem *Etchplain-Konzept* von WAYLAND (1933), das erst durch THOMAS (v.a. seit 1974) in die allgemeine Diskussion gelangte. Hierbei wird ein Alternieren verstärkter chemischer Verwitterung (=etching) und verstärkter Abtragung (=stripping) angenommen. Einen Wechsel von Gesteinsaufbereitung und unterschiedlich starker Kappung der Verwitterungsprofile bezeichnen FAIRBRIDGE & FINKL (1978;1980) als typisch für alte Schilde. Vor allem MENSCHING (z.B. 1978; 1980; 1984a; 1984b) hat immer wieder darauf hingewiesen, daß "im klimagenetischen Gang der langdauernden Flächenbildung" (MENSCHING 1984a, 163) unterschiedliche Klimaperioden Anteil hatten (s.a. FÖLSTER 1969; ROHDENBURG 1969; MICHEL 1973; MILLOT 1982; 1983; ZEESE 1983; BRONGER 1985; BRÜCKNER 1989; BRÜCKNER & BRUHN 1992). Sie sind *Teil morphogenetischer Sequenzen* (COQUE 1977; MENSCHING 1978; 1980; 1984b; ZEESE 1983). In einer Weiterentwicklung des Etchplain-Konzeptes durch THOMAS & THORP (1985) und THOMAS (1989a) wechseln Tieferlegung durch chemische Verwitterung ("continuous etching") in feuchtem Klima, Hangpedimentation mit Aufschüttung am Hangfuß in trockenem Klima und Taleintiefung in einem Pluvial miteinander ab als *"dynamic (episodic) etchplanation"* (THOMAS 1989a,138). Durch die Kombination von Etchplain- und Pedimentationsmodell wird für das wechselfeucht-tropische Westafrika eine weitgehende Anpassung an die aus den Geländebefunden rekonstruierbare jüngere Reliefentwicklung (Kap.6.2; s.a. MICHEL 1973) erreicht. Es ist jedoch zu berücksichtigen, daß die feuchtklimatisch bestimmten Abschnitte des Quartärs in ihrer Wirkung (Saprolitisierung!) nicht überbewertet werden dürfen. Selbst in den heutigen Feuchtsavannen waren zeitweise deutlich trockenere Klimate wirksam (s. Kap.5.3 und Kap.6.2). Die tiefgründige Aufbereitung des Gesteins benötigt zudem Jahrmillionen der subaerischen Abtragungsruhe (s. Kap.6.1). Das heißt, bei der quartären Umgestaltung der Rumpfflächen wird Material abgetragen, das im Tertiär durch intensive chemische Verwitterung aufbereitet wurde (s. ZEESE 1983).

Parapedimentation

Schließlich ist zu erwähnen, daß es Abtragungsfußflächen in Bereichen wenig widerständiger Gesteine geben kann, deren Abtragung nicht zur Hangrückverlegung, sondern zur Zunahme der relativen Höhe im bergwärts angrenzenden widerständigen Gestein führt. Nach BRUNOTTE (1986) sollten daher die durch Hangrückverlegung entstandenen Pedimente von den durch Tieferlegung in gering resistentem Material gebildeten Parapedimente unterschieden werden. Bedingungen für Parapedimentation sind in Nigeria dort gegeben, wo Gesteine unterschiedlicher Widerständigkeit einer raschen Hebung unterliegen. Das ist zum Beispiel am Außenrand des Jos-Plateaus der Fall (ZEESE 1993).

Die Vorstellungen über die Entstehung von Abtragungsflächen sind somit recht unterschiedlich. Die Begründung dafür ist einfach: Für die Entwicklung der verschiedenen Modelle wurden entweder unterschiedliche Landschaftstypen zugrundegelegt oder unterschiedliche Prämissen gewählt. Es klang bereits an, daß die meisten Modelle, wenn auch zum Teil mit Modifikationen, in Nigeria anwendbar sind (ZEESE 1993). Nach einer ersten

Einführung in die naturräumliche Ausstattung (Kap.4) und einer kurzen Darstellung des Forschungsstandes zur Erd- und Landschaftsgeschichte Nigerias (Kap.5) wird sich folgendes zeigen: Die Ergebnisse der Substratanalyse (Kap.6) und der Formenanalyse (Kap.7) ermöglichen Aussagen über zeitliche Veränderungen und räumliche Unterschiede in den endogenen und exogenen Einwirkungen (Kap.9) auf die Formungsstile. Sie lassen eine Erklärung durch ein allgemeingültiges, leicht verständliches Modell nicht zu. Dennoch wird ein Modell vorgestellt (Kap.8). Es soll die Umgestaltung flacher, tiefgründig verwitterter Rumpfebenen durch Abtragungsverstärkung veranschaulichen, da gegenwärtig die Bedingungen für die Entstehung Kontinente überspannender Ebenen nicht gegeben sind (Kap.10).

4. Der Untersuchungsraum - mobile Schildregion in den wechselfeuchten Tropen

Nigeria, zwischen Regenwald und Sahel gelegen, wird von einer breiten Zone erhöhter tektonischer Mobilität gequert, in deren Zentrum die Benue-Senke liegt. Nigeria ist durch ein relativ dichtes Wegenetz erschlossen. Durch Flußerosion, Bautätigkeit und regional bedeutenden Zinnsteinabbau, vor allem aus Seifen, entstanden zahlreiche Aufschlüsse, denen frisches Probenmaterial entnommen werden kann. In Nigeria sind topographische und geologische Karten für Teilräume wie das Jos-Plateau erhältlich. Luftbilder, Satellitenaufnahmen und SLAR-Mosaiken (im X-Band in Ost-West-Flugrichtung aus etwa 3000 m Flughöhe aufgenommen; KOOPMANS 1982) konnten ausgewertet werden. So war es möglich, trotz lückenhafter oder für Teilräume sehr ungenauer topographischer und thematischer Kartengrundlage ein Gebiet von der Größe der alten BRD flächendeckend darzustellen (Fig.2; Fig.4; Fig. 7).

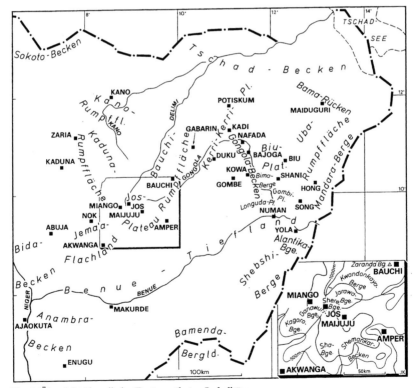

Fig.4: Übersicht über die im Text erwähnten Lokalitäten

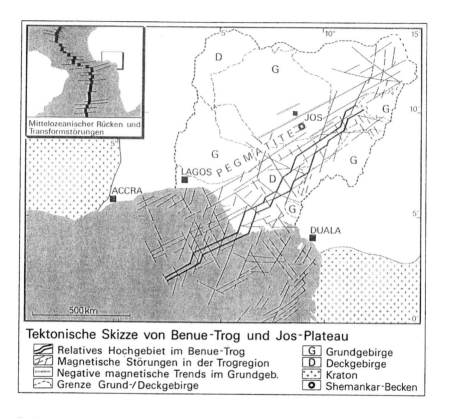

Fig. 5: Tektonische Skizze von Jos-Plateau und Benue-Trog (nach AJAKAIYE et al. 1989; BENKHELIL et al. 1989; POPOFF 1988). Der Verlauf der Störungen und die Lage der Becken machen wahrscheinlich, daß bei der Öffnung des Atlantik der Benue-Trog eine konservative Plattengrenze nahe einem Tripelpunkt bildete.

Fig.7). Dessen naturräumliche Ausstattung liefert eine Fülle von Informationen zu der vorgebenen Zielsetzung, der Erschließung vorzeitlicher Umwelteinflüsse aus der Landschaft, um damit die Entwicklung der Oberflächenformen zu erklären.

Geotektonisch (Fig.5) liegt Nigeria zwischen den vor rund zwei Milliarden Jahren gebildeten Kratonen des Kongo und Westafrikas. Für diesen Raum sind mehrere Phasen verstärkter tektonischer Aktivität nachgewiesen worden (Kap.5). Deshalb ist zu erwarten, daß die räumliche Verteilung des Formenschatzes und die unterschiedliche Freilegung des Untergrundes maßgeblich durch die Tektogenese beeinflußt worden sind. Vor allem die Einwirkung junger tektonischer Ereignisse ist in dieser mobilen Zone deutlicher erkennbar als in den altkonsolidierten Kratonen.

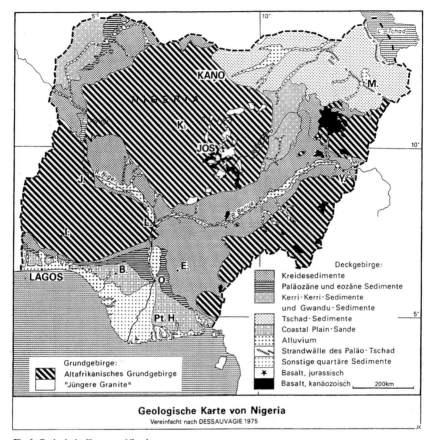

Geologische Karte von Nigeria
Vereinfacht nach DESSAUVAGIE 1975

Fig.6: Geologische Karte von Nigeria.
Das Kristallin Zentralnigerias ist umgeben von Becken, die während der Kreide angelegt wurden und unterschiedlich lange -das Tschad-Becken im Nordosten bis heute- als Sedimentationsräume fungierten. Das panafrikanische Grundgebirge ist durchsetzt von den überwiegend jurassischen "Jüngeren Graniten", die vor allem aus Intrusionsgesteinen und Ignimbriten bestehen (jurassische Basalte bei Burashika sind mit Stern gekennzeichnet) und ist regional überdeckt von Basalten, die in frischem Zustand überwiegend aus dem Neogen stammen.
Städte mit Abkürzungen: B=Benin; E=Enugu; I=Ibadan; J=Jebba; K=Kaduna; L=Lokoja; M=Maiduguri; Pt.H.=Port Harcourt; Y=Yola

Regionalgeologisch (Fig.6) läßt sich Nigeria gliedern in Grundgebirgsareale und Sedimentbecken. Die Sedimente erlauben Rückschlüsse auf Formungsprozesse in ihren Herkunftsgebieten. Grund- und Deckgebirge sind von Zentren vulkanischer Aktivität durchsetzt, die wichtige Zeitmarken für die Einordnung der Reliefentwicklungsphasen liefern (Kap.5).

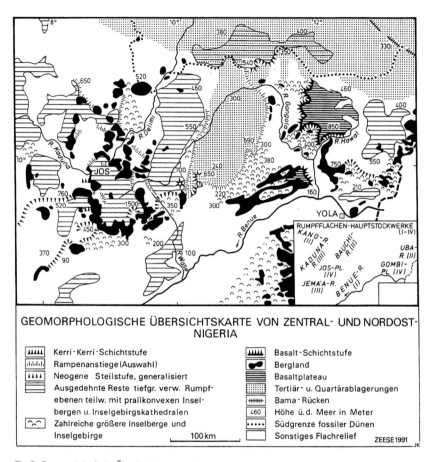

Fig.7: Geomorphologische Übersichtskarte von Zentral- und Nordostnigeria.
Flächen unterschiedlicher Ausgestaltung prägen vor allem das Landschaftsbild. Die Verbreitung der tiefgründig verwitterten Rumpfebenen ist unabhängig von Lithofazies und nicht an ein Flächenstockwerk gebunden.
Vollformen und Stufen zeigen eine Anlehnung an Lithofazies und tektonische Leitlinien des Untergrundes.

Nigerias dominierender *Relieftyp* (Fig.7) ist jedoch die Rumpfflächen- und Inselberglandschaft, die Grund- und Deckgebirgsareale prägt. Junge Aufschüttungen sind nicht nur in Schwemmlandebenen weit verbreitet, sondern finden sich als flußbegleitende Ablagerungen im Abtragungsflachrelief. Sie sind in Zusammensetzung, Sortierungs- und Verwitterungsgrad unterschiedlich und stellen wichtige Korrelate zur Morphodynamik der jüngeren Vergangenheit dar (Kap.6.2).

Störungszonen mit Bergländern, Stufen und Rampenanstiegen trennen Rumpfflächen unterschiedlicher Höhenlagen bis über 1.500 m ü.d. Meer. Die daraus resultierenden Stockwerke kann man in vier Gruppen zusammenfassen.

1. Unterhalb 350 m ü.d. Meer liegen die Flächen der Benue-Senke und des Gongola-Beckens. Sie werden auf direktem Weg über den Niger zum Niger-Delta entwässert. Auffällig sind die breiten (bis 20 km) Schwemmlandebenen der großen Flüsse, unter denen 60-80 m mächtige Lockersedimente liegen (Fig.8). Erste Probebohrungen der Fa. J. Berger Nig. an einem rechten Nebenfluß des Niger südlich Ajaokuta ergaben rund 30 m Lockersedimentfüllung (tel. Mitt. KARNAUKE). Damit ist die Zertalung auch für einen der kleineren Zubringer nachgewiesen und eine ubiquitäre Zertalung erscheint wahrscheinlich. Baugrundbohrungen im Bereich des Nigerdeltas bei Warri durch J.Berger Nig. erbrachten Muddenlagen, die C-14-Daten lieferten. Eine Mudde 37 m unter Meeresspiegel ergab ein konventionelles Alter von rund 16,5 ka, eine weitere aus 52 m Tiefe derselben Bohrung etwa 18,6 ka (Anhang). Somit handelt es sich bei dem Flächenstockwerk, das gegenwärtig Anschluß zum Meer hat, nicht um eine tallose Rumpffläche, sondern um eine *Rumpffläche mit verfüllten Tälern*. Befunde aus Bohrungen an Niger und unterem Gongola zeigen, daß das eigentliche verfüllte Tal erheblich schmaler ist als die heutige Aufschüttungsebene. Damit ist für die jüngere Entwicklung eine Rumpfflächenbildung durch Tieferlegung nach dem Mechanismus der doppelten Einebnungsflächen (BÜDEL seit 1957) zu verneinen, da in diesem Modell Talbildung ausdrücklich ausgeschlossen wird (Kap.3.2). Abdachungsbedingt treten selbst im untersten Flächenstockwerk unterschiedliche Rumpfflächentypen auf (s. Kap.7.1).

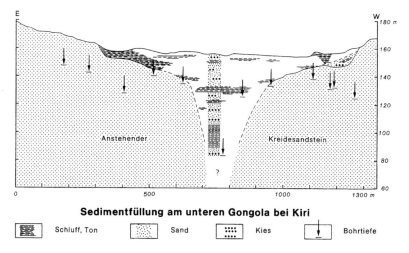

Fig.8: Sedimentfüllung am unteren Gongola bei Kiri (umgezeichnet nach Unterlagen der Fa. NECCO)

2. In mittlerer Höhenlage (etwa 600 m bis 300 m ü. d. Meer) liegen Rumpfflächen, die mit Minimalabdachungen Anschluß an den Sedimentationsraum des Inneren Tschad-Beckens haben (Bauchi-Rumpffläche, Uba-Rumpffläche, Kano-Rumpffläche). Soweit bekannt, weisen die Schwemmlandebenen der Tschad-Zubringer keine mächtigen (über 20 m) jungen Sedimentfüllungen auf. Sie führen, an den Oberflächenformen kaum erkennbar, vom Abtragungs- in den Sedimentationsraum. Es sind somit *Ausgleichsflächen*. Bei Abdachungsunterschieden treten auch hier unterschiedliche Rumpfflächentypen auf. Der Typ der tiefgründig verwitterten Rumpfebene (s. Kap.7.1) ist besonders weit verbreitet, vor allem in der Uba-Rumpffläche im Einzugsgebiet des Yedseram (Fig.7; Fig.40).

3. Eine weitere Gruppe von Rumpfflächen in einer Höhenlage von 900 bis 300 m ü.d. Meer ist gegenüber der jeweils tieferen Ebene etwas abgesetzt (Gombi-Plateau, Kaduna-Rumpffläche, Jema'a-Rumpffläche, Südwestteil der Bauchi-Rumpffläche am Oberlauf des Wase, s. Fig.46). Teils sind es Rampenanstiege, teils stark zertalte Stufen, die zum tieferen Stockwerk führen. Auch hier treten unterschiedliche Rumpfflächentypen nebeneinander auf. Wie die Formenanalyse zeigen wird (Kap.7.2), sind es gegenüber der tieferen Ebene durch Hebung *verstellte Rumpfflächen*.

4. Ein höchstes Flächenstockwerk bildet das *Jos-Plateau* (900-1500 m ü.d. Meer). Es ist rundum umgeben von Stufen, Bergländern oder Rampenanstiegen. Reste mächtiger tertiärer Verwitterungsdecken sind teils auf dem Grundgebirge, teils auf den Vulkaniten erhalten. Vulkanische Fest- und Lockergesteine überdecken Täler und Kuppen und ummanteln aus der Plateaufläche herausragende Berge. Es ist dort *durch die vulkanische Aktivität* eine *Reliefabflachung* erfolgt, die den Plateaucharakter verstärkt hat. Das Jos-Plateau ist deshalb eine hochliegende Flachlandschaft, die bereits Gemeinsamkeiten mit den Basaltplateaus (z.B. Biu-Plateau, Longuda-Plateau, Fig.4) aufweist.

Wie der räumliche Vergleich zeigt, haben in zwei Stockwerken die Abtragungsebenen Anschluß an den Sedimentationsraum. In den anderen Fällen sind Schrägflächen, Stufen oder Vollformen zwischengeschaltet und lassen aus ihrem Verteilungsmuster unterschiedlich starke Veränderungen einer anzunehmenden flacheren Ausgangslandschaft erkennen. Eine heute durch Lockersedimente überdeckte tiefe und enge Zertalung charakterisiert die tiefste zum Meer hin orientierte Fläche, die überwiegend in der Feuchtsavanne oder im Regenwald liegt. Aus dem Vergleich mit den Flächen des trockeneren Norden wird erkennbar, daß der *Flächencharakter im Norden besser erhalten* blieb. Ansonsten ist festzustellen, daß in allen Flächenstockwerken und in allen Klimaten unterschiedliche Rumpfflächentypen vorkommen.
Im monsunal geprägten *Klima* (Fig.9) liegen die mittleren Jahresniederschläge im Südwesten bei etwa 1 500 mm; sie fallen in einer eingipfligen Regenzeit von unter 7 Monaten. Nieder-

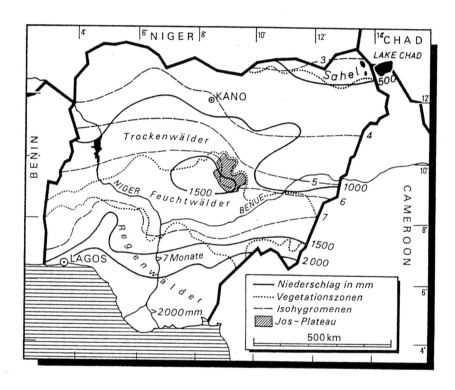

Fig.9: Isohyeten, Isohygromenen und Vegetationszonen in Nigeria. Die Grenze zwischen Trocken- und Feuchtwäldern biegt in Abhängigkeit vom Niederschlagsaufkommen östlich Jos weit nach Süden ab.

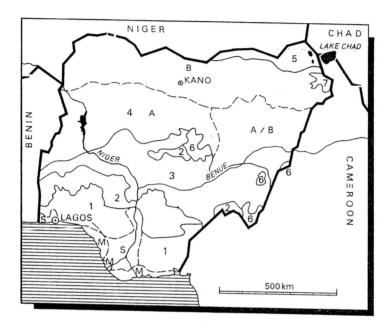

Fig.10: Potentielle natürliche Vegetation und anthropogene Vegetationsformationen in Nigeria
Quelle: BARBOUR et al. 1982; Karten des LRDC; HEGNER 1979

Potentielle natürliche Vegetationsformationen
1. Regenwald (S=Sumpfwald; M=Mangrove)
2. Regenwald/Feuchtwald-Übergang (Saisonwälder)
3. Feuchte Fallaubwälder
4. Trockene Fallaubwälder

5. Dornsavanne
6. Submontane bzw. montane Fallaubwälder
7. Überschwmmungssavanne (v.a. Sorghum arundinaceum)

Anthropogene Vegetation
1. Fruchtwald/Sekundärbusch (oft Ölpalmenbusch)
2. Wald/Savanne-Mosaik
3. Feuchtsavanne (Gehölze v.a. Leguminosen)
4. Trockensavanne
   A: Nördliche Guineazone (Gehölze v.a. Isoberlinia spp.)
   B: Sudanzone (Gehölze v.a. Combretum spp. und Acacia spp.)
   A/B: Subsudanzone
5. Dornsavanne/Sahel (Gehölze v.a. Acacia spp.)
6. v.a. Grasfluren

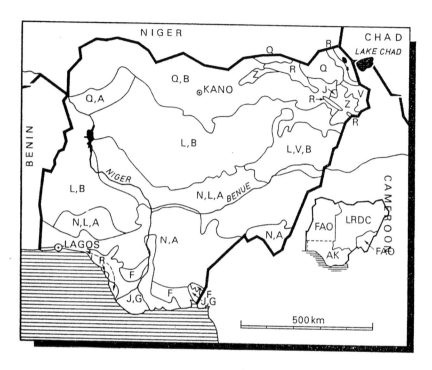

Fig.11: Die Böden Nigerias

Quellen:
LRDC = Land Resources Development Centre
FAO = FAO Bodenkarte
AK = Afrika-Kartenwerk

R = Regosol
J = Fluvisol
G = Gleysol
Q = Arenosol
V = Vertisol
Z = Solonchak

B = Cambisol
L = Luvisol
A = Acrisol
N = Nitosol
F = Ferralsol

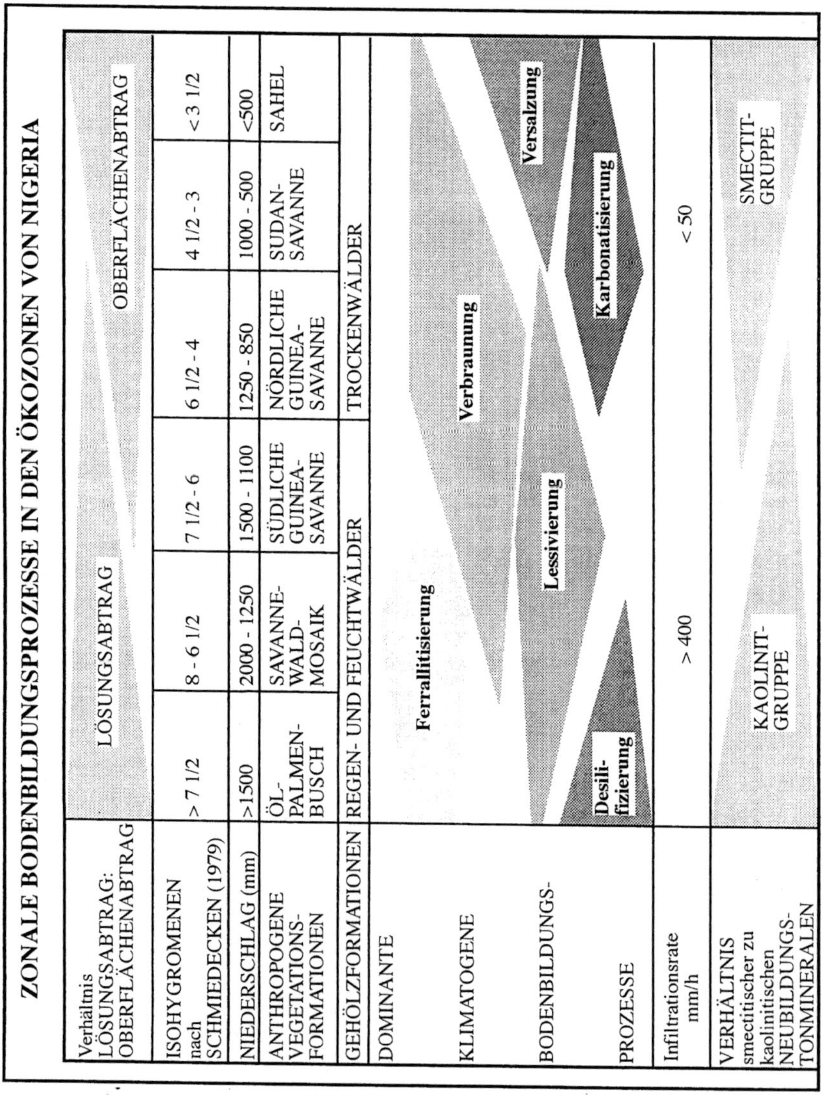

ZONALE BODENBILDUNGSPROZESSE IN DEN ÖKOZONEN VON NIGERIA

Verhältnis LÖSUNGSABTRAG: OBERFLÄCHENABTRAG	LÖSUNGSABTRAG			OBERFLÄCHENABTRAG		
ISOHYGROMENEN nach SCHMIEDECKEN (1979)	> 7 1/2	8 - 6 1/2	7 1/2 - 6	6 1/2 - 4	4 1/2 - 3	< 3 1/2
NIEDERSCHLAG (mm)	>1500	2000 - 1250	1500 - 1100	1250 - 850	1000 - 500	<500
ANTHROPOGENE VEGETATIONS-FORMATIONEN	ÖL-PALMEN-BUSCH	SAVANNE-WALD-MOSAIK	SÜDLICHE GUINEA-SAVANNE	NÖRDLICHE GUINEA-SAVANNE	SUDAN-SAVANNE	SAHEL
GEHÖLZFORMATIONEN	REGEN- UND FEUCHTWÄLDER			TROCKENWÄLDER		
DOMINANTE KLIMATOGENE BODENBILDUNGS-PROZESSE	Desili-fizierung / Ferrallitisierung / Lessivierung / Verbraunung / Karbonatisierung / Versalzung					
Infiltrationsrate mm/h	> 400					< 50
VERHÄLTNIS smectitischer zu kaolinitischen NEUBILDUNGS-TONMINERALEN	KAOLINIT-GRUPPE					SMECTIT-GRUPPE

Fig. 12: Zonale Unterschiede der Bodenbildungsprozesse in Nigeria

schlagsmenge und -dauer nehmen nach Nordosten ab. Dem südwärtigen Ausbiegen der Isohyeten östlich des Jos-Plateaus folgt die Grenze zwischen den *Vegetationsformationen* von Trocken- und Feuchtwäldern (Fig.9), die in Anlehnung an HEGNER (1979) mit der Nordgrenze der in geringen Resten vorhandenen tropischen regengrünen Feuchtwälder gleichgesetzt wird. Die Trocken- und Feuchtwälder sind durch den Menschen weitgehend zu Grasländern, Sekundärbusch und Fruchtbaumfluren umgewandelt (Fig.10).

Die *Böden* Nigerias lassen eine klimazonale Abfolge erkennen (Fig.11; Fig.12). In der Trockensavanne gibt es häufig Vertisole oder Böden mit calcimorphen Eigenschaften (Kap.6.1.3). In der Feuchtsavanne haben sich oft Böden gebildet, die Merkmale einer deutlichen Eisenmobilisation, -verlagerung und -ausfällung aufweisen. Zum Teil sind es nach der FAO- Bodennomenklatur Acrisole, beziehungsweise auf basischem Ausgangsgestein Nitosole. Beides sind Böden mit Lessivierungserscheinungen. In den Acrisolen kann ein Plinthithorizont entwickelt sein. Während jedoch Kalkanreicherungshorizonte oder Kalkknauern in Böden der Feuchtsavanne nur am Nordrand vorkommen, ansonsten aber vollständig zu fehlen scheinen, sind Plinthithorizonte und Ferricrets auch in Böden der Trockensavanne häufig zu beobachten. Auch sind selbst in der Trockensavanne Reste von Ferralsolen vorhanden. Daraus läßt sich ableiten, daß manche Böden auf feuchtere Klimaverhältnisse zurückzuführen sind als gegenwärtig herrschen (Kap.6.1). Nach den Vorstellungen, die SPÄTH (1985) für Sri Lanka entwickelt hat, ist selbst der feuchteste Teil des zentralnigerianischen Untersuchungsraumes im Südwesten zu trocken, um Böden mit deutlich entwickeltem B_u- Horizont entstehen zu lassen (s. jedoch TARDY et al. 1991, 288).

"Es ist uns nicht gegeben, den Sinn und Verlauf des Ganzen zu sehen und zu wissen. Nur Ausschnitte aus im ganzen unbekannten Bahnen sind gegeben."
Karl Jaspers: Psychologie der Weltanschauungen.- 5., unveränd. Aufl. 1960, Berlin/Göttingen/Heidelberg (Springer), S.175.

5. Struktur des Untergrundes, Tektogenese und Klimawechsel - Voraussetzungen der Reliefentwicklung - Forschungsstand

Im Untersuchungsraum läßt sich die Landschaftsentwicklung weit in die Vergangenheit zurückverfolgen. Absolut oder relativ datierbare Vulkanite und Sedimentite liefern wertvolle Zeitmarken, letztere auch Informationen zur Paläoumwelt. Das Auftreten von Vorzeitböden eröffnet zusätzliche Datierungs- und Aussagemöglichkeiten.

5.1 Präkambrium bis Eozän

Um die Gestaltung der heutigen Landschaft zu begreifen, muß man rund 500 Millionen Jahre (=500 Ma) zurückblicken. Damals wurde der größte Teil Afrikas letztmalig von einer Gebirgsbildung erfaßt. Die panafrikanische Orogenese verschweißte Kongo- und Westafrika-Kraton miteinander. Sie war mit einer verbreiteten Migmatisierung der präkambrischen Gesteine und dem Aufdringen granitischer Schmelzen verbunden, aus denen die sogenannten Älteren Granite entstanden. Sofern diese in spätorogenetische tektonische Spannungsfelder gerieten, wurde durch den daraus resultierenden Kluftreichtum die Anfälligkeit gegenüber der Tiefenverwitterung erhöht. Ansonsten gehören die Älteren Granite zu den Gesteinen besonderer Widerständigkeit gegenüber Abtragungsprozessen. Die höchsten Inselgebirge Nigerias bestehen deshalb aus Älteren Graniten. Die Faltenstrukturen der panafrikanischen Orogenese, die westlich des Jos-Plateaus in etwa N-S, östlich davon etwa N 20-40° E streichen, wirken sich noch heute in der Landschaft Nigerias aus. Ebenfalls aus der Zeit der panafrikanischen Orogenese stammt ein breiter Pegmatitgürtel, der in N 60-70° E-Richtung von Zentral- nach Südwestnigeria zieht und damit die Richtung des später angelegten Benue-Troges vorzeichnet.

Bereits vor der Entstehung des Benue-Troges spielen die genannten Richtungen eine Rolle als Schwächezonen, an denen im Mesozoikum die sogenannten "Jüngeren Granite" (Fig.13) aufdrangen. Dabei handelt es sich um die tieferen Stockwerke von Vulkanbauten. Sie bilden als Subvulkane (zum Begriff s. z.B. RAST 1983,60) oberflächennah entstandene Intrusivkörper, in denen vulkanische (v.a. Quarzporphyre) und plutonische (v.a. Granite) Gesteine räumlich nebeneinander auftreten (BOWDEN & KINNAIRD 1984). In Calderakomplexen können saure Plutonite gegen Ende der Entwicklung weniger als 2 km tief liegen (Fig.14). In Nigeria ist auffällig, daß nördlich des Jos-Plateaus, der zentralen Erhebung

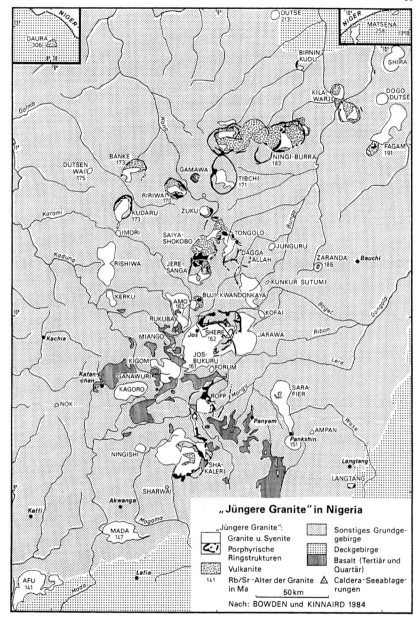

Fig.13: "Jüngere Granite" in Nigeria.
Bemerkenswert ist die Alterszunahme der "Jüngeren Granite" von Süd nach Nord, während der Anteil der Vulkanite am Aufbau der Subvulkane nach Norden ebenfalls zunimmt. Das läßt darauf schließen, daß im Norden die Abtragung deutlich geringer war als im Süden.

des Landes, ignimbritische Gesteine einen hohen Anteil an den heute freigelegten Subvulkanen bilden, während im Südteil des Verbreitungsgebietes Intrusionsgesteine dominieren (Fig.13).
TURNER (1972) führt dies darauf zurück, daß im Süden höhere Teile der Subvulkane bereits abgetragen sind. Für die geringere Abtragung im Norden spricht neben den großflächig erhaltenen Ignimbriten das Vorkommen einer limnischen Caldera- Füllung innerhalb des rund 180 Ma alten Ningi- Burra- Komplexes (BOWDEN & KINNAIRD 1984; s.a.Fig.13). Deshalb kann für die Zeit seit der Entstehung (rund 180 Ma) eine geringe Abtragungsrate angenommen werden. Im Fall des Ningi-Burra-Komplexes sind weniger als 1.000 m Gestein anzunehmen, die seitdem abgeräumt wurden, was einer gemittelten Abtragungsrate von rund 5 m in 10^6 Jahren entspräche.

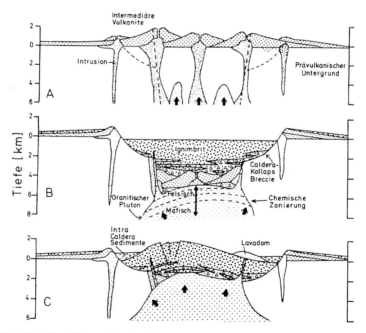

Fig.14: Typische Entwicklungsstadien eines Calderakomplexes (Tertiäre Caldera im Westen Nordamerikas). A = Prä-Calderastadium; B = Zustand unmittelbar nach Aschestromeruption und Caldera-Einbruch; C = Spätstadium. Nach LIPMAN (1984) aus SCHMINCKE (1986).
Die Grenze des granitischen Plutons zu den überlagernden Ignimbriten liegt in der Spätphase der Calderaentwicklung nur zwei bis drei Kilometer unter der Oberfläche. Für seine Freilegung sind keine sonderlich hohen Abtragungsraten erforderlich.

Mit den "Jüngeren Graniten" bildeten sich unter anderem Monazit-, Columbit- und Cassiterit-Lagerstätten. Die Erze sind Leitminerale bei der Schwermineralanalyse. Die "Jüngeren

Granite" sind zudem wichtige Zeitmarken. Werden sie von einer Rumpffläche gekappt, dann muß diese jünger sein als das Aufbrechen des Gondwana- Kontinentes. Im Süden, wo die jüngsten Vertreter der "Jüngeren Granite" die stärkste Freilegung erfahren haben, bilden sie die höchsten Erhebungen. Auf ihre Gestaltung wird in Kap.7.3 näher eingegangen.
Bereits im Jura setzte außerhalb des eigentlichen Verbreitungsgebietes der "Jüngeren Granite" der Vulkanismus mit dem Aufdringen basischer Schmelzen aus großer Tiefe (= Tiefenvulkanismus) ein (Fig.6; s.a. WRIGHT 1976; POPOFF et al. 1983). Damit begann in diesem Teil des Gondwana-Kontinentes die Trennung Afrikas von Südamerika. Der sich ausbildende Benue-Trog war während der Unterkreide ein Bereich intensiver Bruchschollentektonik (POPOFF et al. 1983).
Diskutiert wird, ob es sich beim Benue-Trog um die Vorform eines ozeanischen Rückens (= "ridge" = R) an einem RRR-Tripelpunkt und damit um eine initiale Ozeanbildung (BURKE et al.1971; WRIGHT 1976) oder ob es sich um Verwerfungen (= "fault" = F) am aufgegebenen Arm eines RRF-Tripelpunktes (GRANT 1971; POPOFF 1988) handelt. Die im Grundriß versetzte (="en echelon") Anordnung der zahlreichen Einzelbecken im Benue-Trog (Fig.5) dürfte die Anlage von Aufreißbecken kennzeichnen (BENKHELIL & ROBINEAU 1983), die Folge linksseitiger Blattverschiebungen sind (BENKHELIL 1982). In Verlängerung der transatlantischen Charcot- und der Chain-Störung liegen die Flanken des SW-NE verlaufenden Troges, in dessen Zentrum teils an der Oberfläche anstehende, teils durch Schwereanomalien in geringer Tiefe nachgewiesene Grundgebirgsreste ein strukturelles Hochgebiet bilden (Fig.5). Es streicht mit N 60° E, an N 30° E Störungen versetzt, über rund 1.500 km vom Festland in den Atlantik. Deshalb sehen BENKHELIL et al. (1989) den Benue-Trog eher als Scherbecken und nicht so sehr als Graben an. Ihre Vorstellungen werden durch die Ergebnisse der Formenanalyse im Hebungsgebiet (ZEESE 1989; 1992) bestätigt.
Der Benue-Trog ist als Zentrum eines breiten Riftgürtels anzusehen, in den weitere transatlantische Störungen einmünden. Die Fortsetzung der Romanche-Störung ist auf dem Kontinent bisher lediglich über Schwereanomalie-Messungen nachgewiesen (AJAKAIYE et al. 1986 und freundl. mündl. Mitt. von OLASEHINDE/Ilorin). Im Grundgebirge verlaufen zwischen Romanche- und Charcot-Störung zahlreiche magnetische Anomalien mit SW-NE-Trend (AJAKAIYE et al. 1989). Die Sedimentbecken liegen östlich der zentralen Erhebung Nigerias, dem Jos-Plateau, in der nördlichen Fortsetzung des S-N ziehenden Küstenverlaufes von Süd- und Zentralafrika (Fig.5). Auch sind an den transatlantischen Transformstörungen, deren Fortsetzungen sich in Nigeria mit dieser Linie kreuzen, die größten horizontalen Versetzungen im Bereich des Atlantiks erkennbar.
Aus dem Verlauf der Störungsmuster und der magnetischen Anomalien kann man auf eine differenzierte Beanspruchung der Erdkruste im Verlauf der plattentektonischen Bewegungen

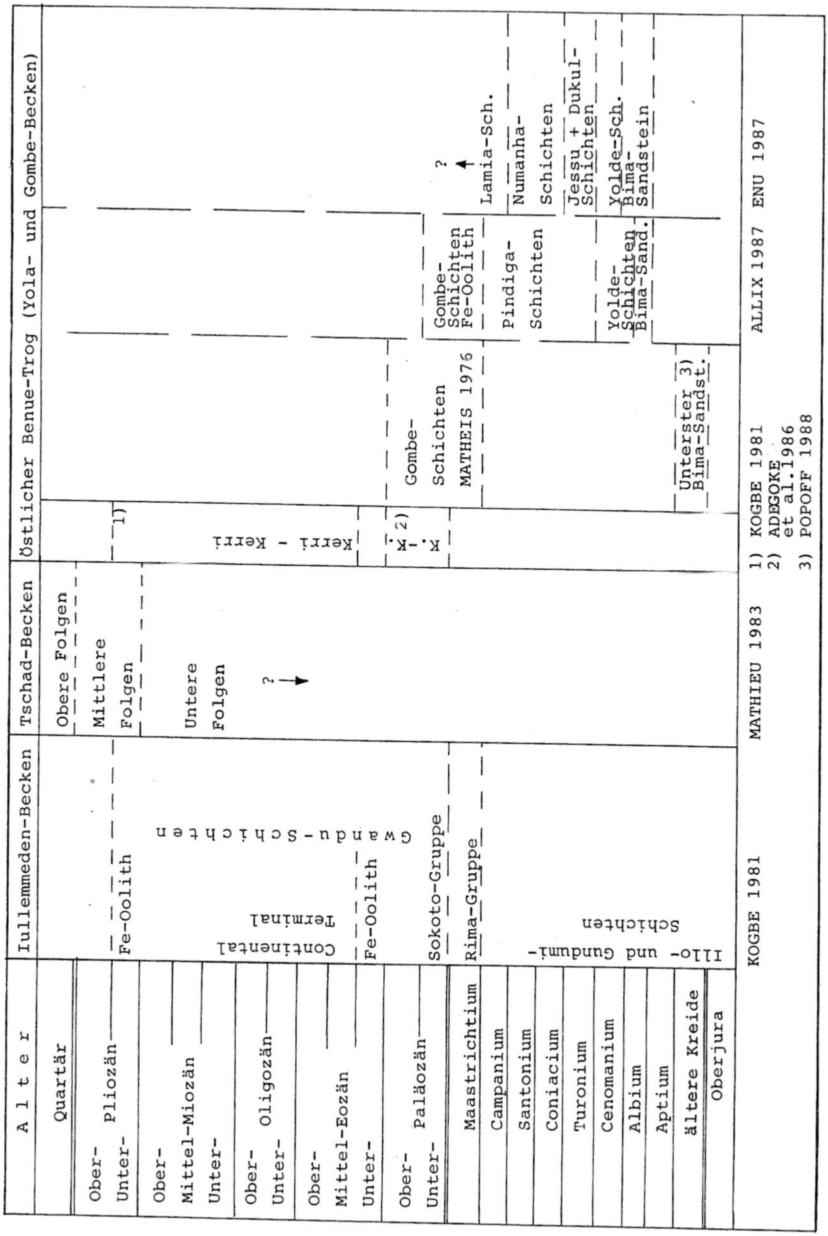

Fig.15: Schichtenfolge des Deckgebirges in Zentral- und Nordostnigeria. Die Alterseinordnung der tertiären kontinentalen Sedimente ist teilweise noch nicht gesichert

schließen. Deshalb ist anzunehmen, daß beim Aufbrechen Gondwanas ein engräumiges Nebeneinander von Gräben und Horsten nicht nur im Verlauf des Benue-Troges, sondern auch in den Hebungsgebieten entstand, von wo die Sedimente für die Füllung der angrenzenden Becken geliefert wurden. Wie die Verteilung von Stufen und Bergländern erkennen läßt (Fig. 7), beeeinflußten die spätmesozoischen Strukturmuster die neogene Reliefentwicklung. Die in die frühe Unterkreide gestellten ältesten datierbaren Sedimentgesteine Nigerias sollen nach POPOFF (1988) mächtige Konglomerate und - als Zeugnisse eines ariden Klimas - Windkanter enthalten. Die Ablagerungen dokumentieren die frühe Phase der Grabenbildung, die sich in der späten Unterkreide verstärkte. Im östlichen Benue-Trog wurden vor allem im Alb (ca. 110-100 Ma) rund 2.000 m Sediment (Bima-Sandstein, s. Fig.15) mit Sedimentationsraten bis 200 m/10^6 Jahren abgelagert (ALLIX 1987).

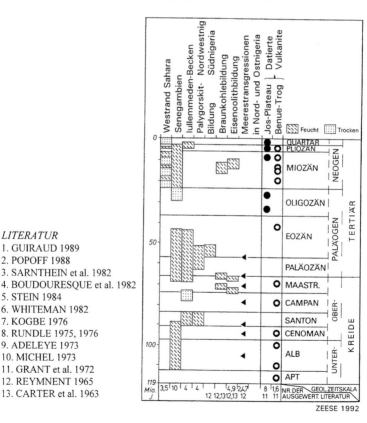

LITERATUR
1. GUIRAUD 1989
2. POPOFF 1988
3. SARNTHEIN et al. 1982
4. BOUDOURESQUE et al. 1982
5. STEIN 1984
6. WHITEMAN 1982
7. KOGBE 1976
8. RUNDLE 1975, 1976
9. ADELEYE 1973
10. MICHEL 1973
11. GRANT et al. 1972
12. REYMNENT 1965
13. CARTER et al. 1963

Fig.16: Klimaveränderungen und Krustenbewegungen in Westafrika in den letzten 120 Millionen Jahren

Das Schwermineralspektrum ist "verarmt", worin POPOFF (1988) einen Hinweis auf ein relativ feuchtes Klima sieht. Die große Mächtigkeit der kreidezeitlichen Sedimente (bis über 5000 m) in mehreren Becken belegt einen insgesamt formungsaktiven Zeitabschnitt. Eine besondere Rolle spielte darin der Zeitraum des Santon (um 85 Ma), in dem durch einengende Krustenbewegungen im Benue-Trog die Trogfüllung regional gefaltet, sogar geschiefert bzw. schwach metamorphisiert wurde (BENKHELIL 1987; GUIRAUD 1987). Der junge Atlantik transgredierte mehrfach in die entstandenen Becken (Fig.16). Im Turon bestand eine Verbindung zwischen der Tethys und dem sich ausweitenden Südatlantik (REYMENT 1965). Die marinen Fossilien ermöglichen eine relativ enge zeitliche Einordnung der Sedimente (Fig.15), die nach dem Prinzip der Korrelate Rückschlüsse auf Vorgänge im Hebungsgebiet erlauben. So läßt sich für den Übergang Oberkreide/Alttertiär (Maastricht bis Untereozän, s. Fig.16) nachweisen, daß es bei hohen Meeresspiegelständen zur Bildung von Braunkohlelagerstätten und bei Regressionen zur Eisenoolithakkumulation im Litoralbereich kam. Der Äquator lag damals im äußersten Norden Nigerias (s. PARRISH et al. 1982).

Mit dem Übergang zum Tertiär erfolgte ein weitgehender Rückzug des Meeres, das außerhalb Südnigerias nur im Iullemmeden-Becken fortbestand. Dort wird die Kreidcabfolge konkordant von Kalksteinen und Schiefertonen mit Phosphaten überlagert (KOGBE 1972). Die geringmächtige Abfolge (ca 50 m) weist eine Sedimentationsrate von höchstens 5 m/10^6 Jahren auf. Die überwiegend biogenen Gesteine zeugen von einer spätestens im Maastricht einsetzenden Zeitphase, während der auf dem Festland Lösungsabtragung vorherrschte und die mit der Bildung von Eisenoolithen unterhalb des Continental Terminal endete (GREIGERT & POUGNET 1967, MICHEL 1973, 1977; s.a. Fig.15). Die Eisenoolithbildung erfolgte im Untereozän (ALZOUMA 1982). Pflanzliche Fossilien einer immergrünen tropischen Regenwaldformation, die aus paläozänen Sedimenten Südnigerias (REYMENT 1965) und des Iullemmeden-Beckens (BOUDOURESQUE et al. 1982) geborgen wurden, sind Indikatoren für ein feuchtheißes Klima. Die hohen Palygorskitgehalte der paläozänen Sedimente im Iullemmeden-Becken (ALZOUMA 1982) werden in Anlehnung an MILLOT (1964) ebenfalls als Hinweise auf einen bedeutenden Lösungsabtrag gewertet (VALETON 1983, SCHRÖTER 1984). Nach BOUDOURESQUE et al. (1982) sind im Iullemmeden-Becken turon- bis santonzeitliche marine Sedimente ebenfalls palygorskitführend (Fig.16). Deshalb ist auch für diese Zeiträume ein feuchtes Klima mit Lösungsabtrag anzunehmen. In Südnigeria ist die Palygorskitführung allerdings nur für das Untereozän nachgewiesen (REYMENT, frdl. mündl. Mitt.). Jedenfalls kann man folgern, daß im Abtragungsgebiet die Gesteine eine tiefgründige Saprolitisierung (s. dazu Kap.6.1) erfuhren. Des weiteren dürften in Küstennähe Ausgleichsebenen entstanden sein, die mehrfach durch Transgressionen überprägt wurden. Da der Übergang Kreide/Tertiär durch feuchtwarme Klimate, hohe bis sehr hohe Meeresspiegelstände und geringe tektonische Aktivität gekennzeichnet war, muß angenommen werden, daß damals in Nigeria die nicht vom Meer überfluteten Festlandsreste - das heutige Jos-Plateau war wohl zeitweise eine Insel - durch ein sehr flaches Relief gekennzeichnet waren.

5.2 Oligozän bis Pliozän

Mit der einsetzenden Sedimentation des "Continental Terminal" (= C.T.) endete in Nordnigeria der thalassokratische Zeitabschnitt. Das C. T. wird von älteren Ablagerungen durch eine post-untereozäne Diskordanz getrennt, die nach LANG et al. (1986) in Westafrika weit verbreitet ist. Die obere Grenze des C.T. liegt im Pliozän (LANG et al. 1986). Die nachgewiesenen Ablagerungen des C.T. in Nigeria erreichen mit den Gwandu-Schichten im Iullemmeden-Becken (KOGBE 1976) weniger als 300 m, sind aber auch in anderen Teilen Westafrikas unter 450 m mächtig (DUBOIS & LANG 1981). Es sind die Sedimente, die aus der post-untereozänen Landschaftsentwicklung resultieren. Die teils limnischen, teils fluviatilen Ablagerungen wurden in Nigeria aus südlich gelegenen Abtragungsgebieten wie dem Jos-Plateau geliefert.

Die zeitliche Einordnung der östlich des Jos-Plateaus liegenden tertiären Kerri-Kerri-Schichten (Fig.6; Fig.15) wird unterschiedlich gehandhabt. GREIGERT & POUGNET (1967, 165) und KOGBE (1979, 1981) parallelisierten den Kerri-Kerri mit Teilen des C. T. (= Mitteleozän bis Unterpliozän). Ein paläozänes Alter begründeten ADEGOKE et al. (1986) und parallelisierten mit den ins Maastricht/Paläozän gestellten Gombe-Schichten.

Eigene Untersuchungen zeigen, daß die Gombe-Schichten durch eine erhebliche Erosionsdiskordanz vom eigentlichen Kerri-Kerri getrennt werden (Kap.7.1.2, Fig.42). Die Gombe-Schichten sind postsantonisch, verfestigt und oft verstellt (CARTER et al. 1963). Die meist ziemlich lockeren, nur durch Ferricretvorkommen regional verfestigten Kerri-Kerri-Schichten sind bestenfalls schwach geneigt.

Südlich der heutigen Ausstrichgrenze der Kerri-Kerri-Schichten liegen unter- bis mittelmiozäne trachytisch-phonolitische Eruptionszentren (K/Ar-Daten zwischen 22,8 und 11,6 Ma; GRANT et al. 1972). Ein rasches Wachstum des Niger-Deltas vor 20 bis 10 Ma ist nach WHITEMAN (1982, 262) eine Folge verstärkter Krustenbewegungen gewesen. Deshalb nimmt er an, daß zu dieser Zeit zwischen Gongola-Becken und Benue-Trog ein orographisches Hochgebiet entstand, dessen Abtragung einen Teil des Materials für die obere Folge der Kerri-Kerri-Schichten lieferte. Aus der Sedimentmächtigkeit von 300-450 m in einem maximal möglichen Zeitraum von 30-40 Millionen Jahren ergibt sich für die Becken eine gemittelte Sedimentationsrate von maximal 10 m/10^6 Jahren, was im Vergleich mit dem Massentransport in der Unterkreide als gering anzusehen ist. In den Kerri-Kerri-Schichten auftretende synsedimentäre Bodenbildungen, die im Rahmen eines von der VW-Stiftung geförderten Programmes derzeit untersucht werden, zeigen, daß Sedimentations- und Bodenbildungsphasen miteinander abwechselten.

Die Kerri-Kerri-Schichten kennzeichnen den Beckenrand. Die Füllungen des inneren Tschadbeckens, die bis über 800 m mächtigen (KOGBE 1981) Tschad-Sedimente, wurden früher vom Quartär (BARBER 1965) bis ins Pliozän (ABADIE et al. 1959) datiert. Sie wurden in der Republik Tschad biostratigraphisch gegliedert und zum größeren Teil dem Tertiär zugerechnet (MATHIEU 1983, 144). Nordöstlich des Bama-Rückens, der durch Maiduguri läuft (Fig.6), wurden zahlreiche Wasserbohrungen abgeteuft. Nach den dort aufgestellten Bohrgrundprofilen (BARBER 1965) kann die Schichtenfolge in Nigeria mit der aus dem Tschad parallelisiert werden (Fig.17). Ersichtlich wird, daß über weite Abschnitte des Tertiärs im Beckeninneren nur limnische Pelite zur Ablagerung kamen. Deshalb ist anzunehmen, daß im Tertiär überwiegend eine langsame Absinkbewegung des inneren Tschadbeckens und/oder eine ebenfalls schwache Hebung der umrahmenden Mittelgebirge erfolgte.

Derzeit werden im Kölner Geologischen Institut palynologische Untersuchungen am Bohrgut zweier an der Verwerfung bei Maiduguri niedergebrachten Bohrungen durchgeführt, um die Tschadsedimente Nigerias ebenfalls biostratigraphisch zu gliedern und mit ausstreichenden Vorkommen (Diatomite von Bularabi; WALBER 1991) zu korrelieren.

Bislang gibt es nur wenige gesicherte Erkenntnisse über die post-eozäne Klimaentwicklung

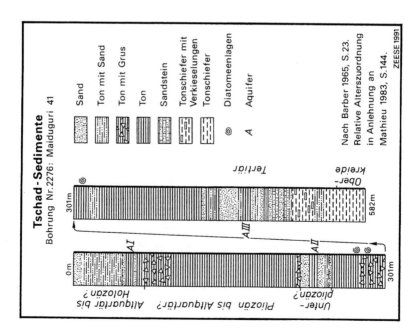

Fig.17a: Tschad-Sedimente in Maiduguri

Tschad-Sedimente in Nigeria nördlich des Bama-Rückens (Paläotschad-Strandlinie) (generalisiert nach BARBER 1965)	Tschad-Sedimente in der Republik Tschad (nach MATHIEU 1983, 144f)
1. 40 bis 120 m Sand/Ton-Wechsellagen. In dieser Sedimentfolge ist in Maiduguri und Umgebung ein Oberer Aquifer 30 bis 90 m unter der Oberfläche zu finden. Er ist gebunden an selten über 5 m mächtige, schlecht sortierte kantige bis kantengerundete Sande mit Kieslagen und Feldspatresten.	1. Holozän bis Altquartär: 50 bis 80 m Sand mit zwischengeschalteten Tonen.
2.1 150 bis über 300 m (in Maiduguri Mächtigkeit bis ca. 100 m abnehmend) reiner Ton; am Übergang zu 1 vereinzelt Diatomeentone, vereinzelt Gipsvorkommen.	2.1 Altquartär bis Pliozän: 200-250 m Seetone mit Diatomeen und Gipskristallen.
2.2 25 bis 80 m Sand/Ton-Wechsellagen. Neben Quarzgeröllen, Feldspat- und Glimmerbeimengungen finden sich auch mehrfach Granitschotter (BARBER 1965, 23). Die Sande können über 30 m mächtig werden, ansonsten sind sie vergleichbar mit 1. In diesen Sedimenten ist ein Mittlerer Aquifer ausgebildet.	2.2 Jungtertiär (Unterpliozän): 75 m fluviatile Sande
3.1 Reine Tone und Schiefertone mit Diatomeenlagen; Mächtigkeiten (von 125 bis 175 m) nur gelegentlich angegeben.	3. Mitteltertiär (Oligo-Miozän): Eisensandstein über verschiedenfarbigen Sandsteinen mit Oolithen.
3.2 Sand/Ton-Wechsellagen (Unterer Aquifer) mit eisenschüssigem Sandstein.	
Der Untere Aquifer entspricht dem Kerri-Kerri (ADEFILA 1976, 430)	Die unteren Sandsteine (3) entsprechen dem Continental Terminal (MATHIEU 1983, 145).

Fig.17b: Tschad-Sedimente in Maiduguri (Tabelle)

Nigerias. Die Beckensedimente und die des Nigerdeltas sind paläoklimatisch wenig ausgewertet worden, wobei selbst diese Angaben bei fragwürdigen Alterseinstufungen der kontinentalen Schichtglieder nicht viel besagen.
Ähnlich unbefriedigend war der Forschungsstand in Bezug auf pedogene Eisenoxidanreicherungskrusten (Ferricrets). Das betraf nicht allein ihre Altersstellung (Kap.6.1), ihre Genese und ihren paläoklimatischen Aussagewert, sondern es wurde erörtert, ob überhaupt unterschiedlich alte Ferricrets vorkommen (HILL & RACKHAM 1976). Dabei hatte bereits SOMBROEK (1971) unterschiedlich alte Plinthitlagen von Sokoto-Becken beschrieben. TURNER (1976) war der erste, der im Biu-Plateau auf Ferricrets unter und über Basalten hinwies, die somit unterschiedlich alt sein müssen. In verschiedener morphologischer Position sowie auf Sedimentiten und Vulkaniten unterschiedlichen Alters sind unterscheidbare Ferricrets und Verwitterungsprofile entwickelt (BOULANGE & ESCHENBRENNER 1971; ZEESE 1983; 1990; 1991a; 1991c; ZEESE et al. 1994; VALETON & BEISSNER 1986; VALETON 1991). Von Südnigeria wurden unterschiedlich alte Ferricrets von FÖLSTER (seit 1969) und ROHDENBURG (seit 1969) beschrieben.
Mittlerweile wurde die von FALCONER (1921) abgegrenzte Fluviovulkanische Serie (FVS) des Jos-Plateaus auf diese Fragestellung hin untersucht (BECKER 1989; TAKAHASHI & JUX 1989; VALETON 1991; ZEESE 1992; ZEESE et al. 1994). Sie ist in der Regel unter 100 m mächtig und besteht aus fast vollständig zu Tonen verwitterten Vulkaniten, an deren Basis oft geringmächtige quarzreiche Sande liegen. Fluviatile Ablagerungen treten auch als dünne Lagen zwischen den verwitterten Vulkaniten auf. Den Abschluß der Folge bildet häufig ein meist über 1 m mächtiger Ferricret, der nach MCLEOD et al. (1971) im Alttertiär entstanden sein soll. Nach den neuen Befunden ist die Fluviovulkanische Serie in dem langen Zeitabschnitt zwischen Unteroligozän und Obermiozän gebildet worden (Kap.6.1.2.2). Es handelt sich somit um das Zeitäquivalent zum C. T.. In der Fluviovulkanischen Serie sind mindestens fünf unterschiedlich alte Ferricrets mit biotischen Makrogefügen nachgewiesen worden. Aus den Untersuchungsergebnissen wird wahrscheinlich, daß besonders intensive Verwitterung im Jos-Plateau und in Südnigeria die letzte größere Meerestransgression mit Braunkohlebildung im Mittelmiozän (REYMENT 1965) zeitlich zusammenfielen.
K/Ar-Datierungen an Basalten aus dem Jos-Plateau (Anhang 1) ergaben neben obermiozänen bis quartären Altersangaben, über die bereits Daten vorlagen (GRANT et al. 1972; RUNDLE 1975; 1976; Anhang 1), erstmals höhere Werte von 27 Ma und 34,7 Ma. Die für die Altersbestimmung herangezogenen Basalte stammen aus der Fluviovulkanischen Serie. Ihr Auftreten sowie unterschiedlich stark schräggestellte Ferricrets innerhalb der Fluviovulkanischen Serie (Kap.6.1.2.2) belegen deutliche Krustenbewegungen. Derartige Ereignisse wurden auch aus Abtragungsdiskordanzen verschiedener westafrikanischer Becken erschlossen (LANG et al. 1986). BURKE (1976) nimmt eine neogene Hebungsachse an, die mit NW-SE-Verlauf den Ostrand des Jos-Plateaus markiert.

Die Ferricrets verweisen auf ehemalige Feuchtklimate. Deshalb kann man folgern, daß die Sedimentationszunahme im Nigerdelta aus dem Zusammenwirken aktivierter Tektonik und feuchter Paläoklimate resultierte. Die Sedimentationsmächtigkeiten im Nigerdelta und im inneren Tschadbecken deuten zudem an, daß die verstärkten Abtragungsprozesse mit dem Untermiozän, beziehungsweise dem Obermiozän einsetzten. Deshalb ist wahrscheinlich, daß überwiegend im Neogen die Umgestaltung einer aus dem Alttertiär und Mesozoikum ererbten flacheren Ausgangslandschaft erfolgte (s.a. BOND 1978). Auch ist anzunehmen, daß die neogene Tektonik zur Reaktivierung altangelegter Schwächezonen führte (s.a. ZEESE 1989). Auffällig ist die Mächtigkeit der plio/pleistozänen Schichtenfolge verglichen mit den älteren Schichtgliedern; die Bildung mächtiger Seetone im Tertiär läßt entweder auf Zeiten der Biostasie im Abtragungsraum oder auf die Existenz eines Sees schließen, dessen Fläche erheblich ausgedehnter war als im Quartär, so daß keine grobklastischen Sedimente im Beckeninneren zur Ablagerung kamen.

5.3 Quartär

Innerhalb der Tschad-Sedimente haben offensichtlich lediglich die obersten Abschnitte (max. 120 m) der Abfolge quartäres Alter (Fig.17). Dafür spricht u.a. ein in 63 m Tiefe gefundener Vertebratenrest (*Hippopotamus imagunculata* HOPWOOD), der auf das Villafranca bezogen wird (BARBER & JONES 1960,9).

Die vorläufige Alterszuordnung erlaubt für das Innere Tschadbecken eine grobe Schätzung der Sedimentations- und Abtragungsraten: Die Fläche des Sedimentationsraumes, die in etwa durch die 320 m-Isohypse begrenzt wird, entspricht einem Drittel des Einzugsgebietes (BURKE 1976, 203). Bei einer mittleren Mächtigkeit der altquartären bis holozänen Sedimente von 90 m (Fig.17) und einer maximalen Sedimentationsdauer von 1 Million Jahren (Beginn des Altquartär bis heute) ergäbe sich eine gemittelte Sedimentationsrate von 90 m/10^6 Jahre. Die Abtragungsrate läge dann bei 30 m/10^6 Jahre. Anhand der Sedimentmächtigkeiten wird deutlich, daß die Abtragung ins Tschad-Becken während des Quartärs und Pliozäns kräftiger gewesen sein muß als zuvor.

Über die quartäre Klimageschichte ist für Nigeria wenig bekannt. Untersuchungen wurden vor allem an jungquartären Ablagerungen durchgeführt. Es wurde unterschieden zwischen einem jüngeren Terrassenkörper, der holozäne C-14-Daten lieferte (FAGG 1972; POTOCKI 1974; DE PLOEY 1978; FÖLSTER 1979; Anhang 2), sowie Ablagerungen, die ins Jungpleistozän gestellt und mit einer Trockenphase erklärt wurden (BURKE & DUROTOYE 1970; 1971). Im Rima-Sokoto-Becken grenzten SOMBROEK & ZONNEVELD (1971) aufgrund der Korngrößenverteilung Schichtflut- und Flußablagerungen voneinander ab. HILL & RACKHAM (1978) unterschieden im Jos-Plateau zwischen gut sortierten geschichteten Sanden mit Tonen, die sie ins Holozän stellten, älteren gut sortierten Grobsandlagen, die oft durch einen Ferricret abgeschlossen werden, und Schlammstromablagerungen, die sie ins Alt-

bis Mittelpleistozän einordneten. An der Basis eines Sedimentkörpers mit Schlammstromabsätzen am Nordwestfuß des Jos-Plateaus lieferte eine Mudde ein C14-Datum von 18 370 +/- (ZEESE 1991b), womit erstmals für Nigeria ein jungpleistozänes Alter belegt ist. Zur relativen Datierung pleistozäner Ablagerungen wurden Artefakte ausgewertet (BOND 1956; ROHDENBURG 1969; FAGG 1972; POTOCKI 1974; SHAW 1978; CLARK 1980). Acheul-Artefakte, für die ein mindestens mittelpleistozänes Alter anzunehmen ist (CLARK 1980), wurden in Ablagerungen geborgen, auf denen sich ein Ferricret gebildet hat. Bisher wurden keine jungpleistozänen oder gar holozänen Sedimente mit Ferricret beschrieben. Deshalb ist wahrscheinlich, daß die jüngste Ferricret-Bildung vor dem Jungpleistozän lag (s.a. MICHEL 1973).

GROVE (1958) beschrieb fossile Dünen aus Nordnigeria, die in trockenen Abschnitten der letzten Kaltzeit bewegt wurden (s.a. GROVE & WARREN 1968; SOMBROEK & ZONNEVELD 1971; MENSCHING 1979). Weiterreichende Erkenntnisse, die dank der räumlichen Nähe übertragbar sind, stammen aus den Nachbarländern Nigerias, vor allem vom Südrand des Tschad-Beckens und aus Senegambien.

Danach war es in einigen Holozän-Abschnitten etwas feuchter als heute, vor allem während des Klimaoptimums zwischen 8,5 und 7,5 ka (FRANKENBERG & ANHUF 1989). In der letzten Kaltzeit sanken die Temperaturen selbst in den Inneren Tropen um etwa 4°K ab (LAUER 1991). Deutlich kühler war es in den wechselfeuchten Tropen Westafrikas im "Ogolien" (=Hochglazial; 20-14 ka) mit einer maximalen (?) Temperaturabsenkung (Jahresmittel) von etwa 6°K (für Ghana: TALBOT et al.1984; für Westsenegal: FRANKENBERG & ANHUF 1989; für Nigeria, jedoch ohne Datierung: STEUBER 1991). Infolge der Temperaturabsenkung bestimmten montane Florenelemente die Tieflandvegetation in Kamerun (MALEY et al. 1991). Der Staubtransport in den Ostatlantik war doppelt so hoch wie heute (SARNTHEIN & KOOPMANN 1980). Letzteres, wie auch die Mobilisation von Dünen bis weit in die heutige Trockensavanne hinein (Fig.9; Fig.10), waren Folge heftiger Passatwinde (FLOHN 1985; WILLIAMS 1985), deren Windgeschwindigkeit um etwa 40-50 % erhöht war (TALBOT 1984). Nach einem Paläoklima-Modell waren davon vor allem die Sommerhalbjahre stärker betroffen (NEWELL 1981). In dieser Jahreszeit fiel möglicherweise der meiste Niederschlag, da die Wirkung der Hadley'schen Zellen intensiviert gewesen sein soll (FLOHN 1985). Im West-Senegal "war das Klima post 18 000 B.P. und prae 12 500 B.P. wohl durch eine extreme hygrische, aber auch thermische Variabilität gekennzeichnet. Es findet kein Analogon in einem heutigen Klima Afrikas." (FRANKENBERG & ANHUF 1989, 193). Diese Aussage ist auch für Nigeria zutreffend (ZEESE 1991b; 1991d). Thermischer und hygrischer Streß waren so stark, daß von einer Klimakatastrophe gesprochen werden kann (DURAND & LANG 1991; s.a. ZEESE 1991b, 1991d), die sich vom Südrand der Sahara bis in die Feuchtwaldgebiete großräumig sedimentologisch dokumentiert hat.

Wahrscheinlich waren auch andere Abschnitte der letzten Kaltzeit durch Klimate gekennzeichnet, die im heutigen Afrika nicht wirksam sind. Nach PERROT & STREET-PERROT (1982) war der Klimaabschnitt zwischen 25 und 22 ka am Südrand des Tschad-Beckens kühl und feucht. Die tiefen Temperaturen werden u.a. deshalb angenommen, weil im Tschad-Becken für die Zeit zwischen 28 und 26 ka tropische Arten in den Pollenspektren fehlen (MALEY 1976) und nordalpine Diatomeenpopulationen in den Seeablagerungen aus dieser Zeit dominieren (SERVANT 1973). Das feuchte Klima wirkte seit 40 ka mit einer kurzen Unterbrechung um 30 ka (DURAND & LANG 1986). Davor soll zwischen 50 und 65 ka ein trockener Klimaabschnitt gelegen haben (DURAND 1982), in dem der bis fast zum Gongola reichende Dünengürtel aktiv war (DURAND & LANG 1986).

Dank der rasch zunehmenden Erkenntnisse über quartäre Klimaschwankungen in Tropen und Ektropen deuten sich Parallelen in den jeweiligen Abläufen an (s. z. B. TIEDEMANN 1995). Dem holozänen Klimaoptimum zwischen 8,5 und 7,5 ka in Westafrika (FRANKENBERG & ANHUF 1989) folgte nach dem raschen Abschmelzen der Eisschilde über Nordamerika und Skandinavien das ektropische Klimaoptimum im Atlantikum. Das Klimaoptimum in Westafrika ist auf weit in die heutige Sahara vorstoßende maritime Tropikluft zurückzuführen. Die dafür notwendige sommerliche Destabilisierung der Hadley-Zelle könnte aus einer präzessionsbedingten verstärkten Insolation resultieren, die einem 22 000-Jahre-Rhythmus folgt (TIEDEMANN 1995). Die extremen Kältewüsten der Ektropen am Höhepunkt einer Vereisung hatten ihre Entsprechung in einem kühl-trockenen Klima in den wechselfeuchten Tropen Westafrikas (FRANKENBERG & ANHUF 1989). Niedrige Wasseroberflächentemperaturen in den Hohen Breiten des Nordatlantiks und Dürremaxima in der Südsahara lassen einen ausgeprägten 41000-Jahre-Zyklus erkennen (TIEDEMANN 1995). Dem Aufbau mächtiger Inlandeismassen bei tiefen Temperaturen, aber noch ausreichend hohen Niederschlägen scheint ein feucht-kühles Klima in Tropisch-Westafrika entsprochen zu haben (DURAND & LANG 1986). Bei einer so deutlich erkennbaren Parallelität wird man im Analogieschluß davon ausgehen können, daß Klimaschwankungen und die damit zusammenhängenden Wechsel der Formungsprozesse auch in älteren Kalt- und Warmzeiten abliefen.

Globale Klimaschwankungen sind der Grund, daß es im Quartär in den Tropen zu klimatisch gesteuerten Wechseln in der Landschaftsentwicklung zwischen Zertalung, Bodenbildung und Verschüttung kam (ZEESE 1991b; 1991c; 1992). In Gebieten, die seit dem Oligozän tektonisch aktiviert wurden, führten die Prozesse zu einer starken Umgestaltung eines Ausgangsflachreliefs, das aus Zeiträumen mit andersartigen Umwelteinflüssen vererbt ist.

5.4 Zusammenfassung

In Nigeria fanden erhebliche Veränderungen der Umweltbedingungen statt. Abschnitte verstärkter tektonischer Unruhe lassen sich zeitlich und räumlich von relativ stabilen Zeiten trennen. Offensichtlich wurde der Raum beim Aufreißen des südatlantischen Beckens vor etwa 150-85 Ma besonders stark in Mitleidenschaft gezogen. Die landschaftsprägenden Verwerfungen waren an panafrikanische Schwächelinien gebunden. Besonders deutlich wird dies beim Benue-Trog, dessen Hauptast demselben Trend folgt wie die Pegmatitzone im panafrikanisch konsolidierten Grundgebirge. Die Krustenbewegungen zwischen 85 und 45 Ma waren demgegenüber erheblich schwächer. Erst nach dem Mitteleozän kam es zu Steigerungen. Hebungen im Obereozän verursachten großräumig auftretende Schichtlücken in westafrikanischen Profilen (LANG et al. 1986). Vor 45 Ma (GUIRAUD 1987) erlebte auch der Vulkanismus eine Reaktivierung. Im Grundgebirge entstand ein Formenmuster, das sich aus der räumlichen Nähe zu einem Scherbecken erklären läßt (Kap.7).

In der Klimaentwicklung heben sich zwei Zeitabschnitte, der Beginn der Unterkreide sowie das Quartär, von den anderen durch zeitweise Aridität ab. Im Paläozän dagegen war die Landschaft von einem tropischen Regenwald bedeckt. Zwischen Turon und Mitteleozän ist eine bedeutende chemische Verwitterungsperiode einzureihen.

Die Teilung Gondwanas hat zwar in der Landschaft deutliche Spuren hinterlassen, doch sind diese bereits in der Übergangsphase Mesozoikum/Känozoikum eingeebnet worden. Für den Zeitabschnitt zwischen Mitteleozän und Mittelpleistozän gibt es erst wenige Erkenntnisse über die Wirkungsgefüge. Die in der Fluviovulkanischen Serie auftretenden Ferricrets sprechen für wechselhafte feuchtklimatische Einwirkungen auf die Substrate (s. Kap.6.1.2). Für das Quartär kann man erwarten, daß auch in älteren Abschnitten Klimate herrschten, die weitgehend denen des Jungquartärs entsprachen.

Die heutige Formenausstattung der Landschaft ist offenbar das Ergebnis unterschiedlicher Umgestaltungen eines flachen Ausgangsreliefs, das einer Rumpfflächen- und Inselberglandschaft mit absoluter Dominanz der Ebenen entsprochen haben mag. Mit Hilfe der Substratanalyse ist es möglich, die Aussagen über die Reliefgenese zu konkretisieren.

"Prozessanalyse und Substratanalyse müssen einen wesentlich höheren Stellenwert erhalten"
Heinrich Rohdenburg (1989): Landschaftsökologie - Geomorphologie, S.4

6. Substratanalyse

Untersuchungsobjekt für die Substratanalyse war der *Regolith* des Abtragungsflachreliefs. Er besteht aus der Verwitterungsdecke und aus Aufschüttungsresten. Die Aufschüttungen sind in der Rumpfflächen- und Inselberglandschaft zwar weit verbreitet, aber selten mächtiger als 15 m. Die Verwitterungsdecke dagegen kann über 100 m tief reichen und ist zum Beispiel im Relieftyp der tiefgründig verwitterten Rumpffläche großräumig entwickelt.

6.1 Die Verwitterungsdecke

Die Verwitterungsdecke ist wesentlicher Informationsträger zur Entschlüsselung der Landschaftsgeschichte. Die Verbreitung, Ausprägung und Reproduktion der Verwitterungsdecke als großräumig vorhandenes abtragbares Material ist in den Abtragungslandschaften für die Landschaftsformung von großer Bedeutung. Deshalb sind grundsätzliche, nicht auf Nigeria beschränkte Erwägungen zur Gliederung und Bildung der Verwitterungsdecke, aber auch methodische Vorüberlegungen angebracht.

6.1.1 Solum, Saprolit und Ferricret (Vorüberlegungen)

Bei der oft erheblichen Mächtigkeit der Verwitterungsdecke ist es notwendig, zwischen dem eigentlichen Boden (*Solum*) und der restlichen Verwitterungsdecke, dem *Saprolit* (s. FAIRBRIDGE 1968; zum folgenden s. a. SCHEFFER & SCHACHTSCHABEL 1989; FELIX-HENNINGSEN 1990; OLLIER & GALLOWAY 1990; SEMMEL 1991), zu unterscheiden. Der Saprolit entspricht weitgehend der "Dekompositionssphäre" (BÜDEL 1977, 11), die zwischen Pedosphäre und Lithosphäre liegt. Es ist die "Zersatzzone" (HARRASSOWITZ 1926; 1930), die mit dem Boden zusammen die Verwitterungsdecke (HARRASSOWITZ 1926) bildet. Allerdings ist diese Unterteilung keineswegs allgemein anerkannt. Bis heute wird zum Beispiel von Mineralogen die gesamte Verwitterungsdecke als "Boden" eingestuft (MATTHES 1990, 271). Ein Vergleich zwischen dem Boden im ökologischen Sinn (Solum) und dem Saprolit macht jedoch sinnfällig, wie wichtig die Unterscheidung ist.
Im Solum ist infolge biogener Einwirkungen überwiegend kein Reliktgefüge des Ausgangsgesteins mehr enthalten. Der Skelettanteil ist auf schwer verwitterbare Komponenten beschränkt.

In Nigeria sind es im Flachrelief teils Primärgesteine wie zum Beispiel Reliktquarze, teils sind es konkretionäre Neubildungen.

Der Saprolit zeigt im Gegensatz zum Solum oft deutliche Reliktgefüge, sofern nicht durch Lösungsabtrag (WIRTHMANN 1987,57) das Gefüge zusammengebrochen ist. Das Material liegt in situ, Spuren biotischer Aktivität fehlen. Zwischen Solum und Saprolit gibt es Übergänge, die wegen ihres Röhrengefüges (Bauten und Wurzelgänge) biogene Einwirkungen erkennen lassen. Der Übergangshorizont ist im Gelände durch eine Fleckung gekennzeichnet, da die Redoxbedingungen an biogenen Gefügen und an Saprolitresten anders sind. Das Ausmaß der Veränderung des Ausgangsmaterials durch Verwitterung kann im Saprolit sehr unterschiedlich sein. Es reicht von einer Lockerung des Mineralverbandes und der damit zusammenhängenden Grusbildung bis zur vollständigen chemischen Umgestaltung und der daraus resultierenden Verlehmung (s. SCHNÜTGEN 1992).

Saprolite können nach einem Vorschlag von FELIX-HENNINGSEN (1990) durch Mineralbestand und Chemismus in Zonen gegliedert werden. Der Boden wird dagegen durch Horizonte typisiert. Diese vom methodischen Ansatz her sinnvolle Trennung, die es erlaubt, auch vertikal angeordnete Unterschiede im Saprolit darzustellen, ist in der Praxis nicht unproblematisch, da auch im Saprolit horizontale Abgrenzungen differenziert werden können.

Bei mächtigen Verwitterungsprofilen nimmt der Saprolit den weitaus größten Teil des Profiles ein, es ist oft mehr als das Zehnfache des Bodenprofils. Fehldeutungen können daraus resultieren, daß nach einer teilweisen Kappung des Verwitterungsprofiles der Saprolit bei veränderten Umweltbedingungen Ausgangsmaterial erneut einsetzender Bodenbildung wird und dabei die vorher erworbenen Merkmale tradiert.

Im Saprolit werden mobilisierbare Elemente (vor allem Alkalien und Erdalkalien) abgeführt. Als Tonmineral entsteht in feuchtwarmem Klima vor allem Kaolinit (in tieferen Profilteilen auch Dreischichttonminerale). Fe- und Mn-Ionen können örtlich als Oxide ausfallen und zu einer *Primärfleckung* führen (s. FÖLSTER et al. 1971, 115). Bei hohem Wasserangebot wird freie Kieselsäure abgeführt (Desilifizierung), was eine *relative Anreicherung* (nach d'HOORE 1954) vor allem von Fe und Al (Ferrallitisierung), aber auch von Ti und anderen Elementen zur Folge hat. *Desilifizierung* und *Ferrallitisierung* führen zur lateritischen[1] Verwitterung. In Abhängigkeit von den Grundwassersträngen und deren Gehalt an Sauerstoff und organischen Verbindungen kann neben der relativen Anreicherung der in situ verbleibenden Reste eine starke Anreicherung von zugeführtem Eisen und Aluminium, aber auch anderer Elemente erfolgen *(absolute Anreicherung* nach d'HOORE 1954).

Anreicherung kann auch in dem über dem Saprolit gebildeten Boden ablaufen und dort zum Beispiel zur Bildung eines Plinthithorizontes führen. Während über einem lateritischen

---

[1] "Laterite sind Produkte intensiver, subaerischer Gesteinsverwitterung. Sie bestehen überwiegend aus Mineralgemengen von Goethit, Hämatit, Al-Hydroxiden, Kaolinit-Mineralen und Quarz. Das Verhältnis $SiO_2:Al_2O_3 + Fe_2O_3$ eines Laterites muß kleiner als das des kaolinisierten Ausgangsgesteins sein, in dem das gesamte Al_2O_3 des Ausgangsgesteins in Form von Kaolinit, das gesamte Fe_2O_3 in Form von Eisenoxiden vorliegen, und das nicht mehr SiO_2 enthält, als im Kaolinit und im primären Quarz gebunden ist" (SCHELLMANN 1984).

Verwitterungsprofil der B_u-Horizont eines Ferralsol Plinthit enthalten kann, bildet sich über meist geringer verwittertem Ausgangsmaterial im B_t-Horizont eines Acrisol ebenfalls oft Plinthit. In beiden Fällen ist die Plinthtitbildung vor allem auf Staunässe (Pseudovergleyung) zurückzuführen. Die Diffusion der Fe-Ionen zu Konzentrationszentren wird neuerdings als *introvertierte Anreicherung* bezeichnet (SCHEFFER & SCHACHTSCHABEL 1989, 380). Sie hinterläßt Fleckungen sowohl im Saprolit (Primärfleckung), wie auch im B/C-Übergangshorizont (Fleckenzone) und im Plinthit. Härtet der Plinthit aus, entsteht eine Verkrustung. "Ein durch Fe-Oxide zementierter Horizont wird *Ferricret* genannt" (SCHEFFER & SCHACHTSCHABEL 1989, 43). Im Zusammenhang mit der Lateritisierung gebildete und zu Krusten verhärtete Al- und Si- Anreicherungen werden analog zu dem eingeführten Begriff Ferricret, der ebenfalls aus dem englischen Sprachgebrauch stammt, im folgenden als Alucret bzw. Silcret bezeichnet.

Als weitere Möglichkeit der Fe-Anreicherung ist an eine starke laterale bis schwach ascendente Fe-Zufuhr zu denken, wobei die Freisetzung und Ausfällung der Eisenionen am ehesten durch Prozesse der Vergleyung erklärt werden können. Sie ist im Unterschied zur Pseudovergleyung nur in orographisch tiefer Position im Grundwasser möglich. Im periodisch belüfteten G_o-Horizont kommt es zur Fe-Anreicherung in den Poren, der *extrovertierten Anreicherung* (SCHEFFER & SCHACHTSCHABEL 1989,380). Durch Gleybildung können hohe Eisenkonzentrationen im Anreicherungshorizont erreicht werden, die bei Austrocknung besonders stark verfestigen.

Ein Ferricret kann somit entstehen aus:

1. dem Plinthit eines Acrisol (= B_{tm}-Horizont)
2. dem Plinthit eines Ferralsol (= B_{um}-Horizont)
3. dem Raseneisenerz eines Gley (= G_{om}-Horizont)
4. dem Ortstein eines Podsol (B_{sm}-Horizont)
(5) der Anreicherung an einer texturellen chemischen Falle (C_{sm}-"Horizont")

Die jüngsten Ferricretbildungen, bei denen eine Alterszuordnung möglich ist, sind auf Ablagerungen gebildet worden, in die Acheul-Artefakte eingebettet sind (BOND 1956; POTOCKI 1974) und die somit aus mindestens der vorletzten Kaltzeit stammen. Die Alterszuordnung macht wahrscheinlich, daß Böden mit Ferricretbildung im Untersuchungsraum Paläoböden sind (ZEESE 1990, 1991a; s.a. SEMMEL 1991). Auch lassen Ferricrets und Gesteinsverwitterung in unterschiedlicher Position und auf unterschiedlich altem Ausgangsmaterial Merkmalsunterschiede erkennen. Deshalb wurde aufgrund der Merkmalsunterschiede der Gedanke entwickelt, daß Ferricrets und die damit verbundenen Verwitterungsprofile unterschiedlich alt sind und zur relativen Datierung von Landoberflächen verwandt werden können (FÖLSTER 1969; ZEESE 1983), eine Vorstellung, die von der französischen

Lateritforschung seit Jahrzehnten durch zahlreiche Publikationen gestützt wird (z.B. MICHEL 1973).

Neuerdings wird allerdings von französischer Seite die Altersstellung der in Westafrika gebildeten Ferricrets (=cuirasses et carapaces) zur Diskussion gestellt (TARDY et al. 1991, FREYSSINET 1991).

Um Belege für unterschiedlich alte Ferricrets zu bekommen und Hinweise auf die wechselhaften Einflüsse der chemischen Verwitterung auf Böden, Relief und korrelate Sedimente zu erschließen, wurde zunächst großräumig beprobt (Fig.18). Dabei handelte es sich um Proben unterschiedlichen Alters und unterschiedlichen Ausgangsmaterials. Kriterien für die Alterszuordnung waren:

1. Lage über dem Vorfluter (je höher, desto älter)
2. Lage über Gesteinen relativ (Sedimentite) beziehungsweise absolut (Basalte) bestimmten Alters.

Es wurden etwa 150 Einzelproben analysiert (Dünnschliff-, Bauschanalyse; für ausgewählte Proben Röntgendiffraktrometrie), die überwiegend von Ferricrets stammen (Fig.18; s.a. ZEESE 1990;

1991a). Im Rahmen eines DFG geförderten Projektes wurden vor allem Verwitterungsprofile in der Fluviovulkanischen Serie des Jos-Plateaus (abgekürzt:FVS) untersucht (BECKER 1989; KEMINK 1989; VALETON 1991 und ZEESE et al. 1994). In den Arbeiten werden die zahlreichen dabei genutzten Methoden beschrieben. Da alle Bearbeiter die Hauptkomponenten ermittelten, kamen Werte für weitere rund 130 Proben zusammen. Die eigenen Daten (Fig.19A) konnten nun mit den Projektdaten und den Daten von BEISSNER (1985) und VALETON & BEISSNER (1986) verglichen werden (Fig.19B).

Dabei ergab sich folgendes:

Der Unterschied zwischen den Ausgangsgesteinen und dem Saprolit besteht vor allem in einer Zunahme des Al-Anteiles, wie der Vergleich zwischen frischen Basalten und Basalt-Saproliten zeigt (Fig.19B). Dies kann als Ergebnis relativer Anreicherung durch Abfuhr der leichter löslichen Komponenten, zum Teil auch als Folge einer Desilifizierung angesehen werden.

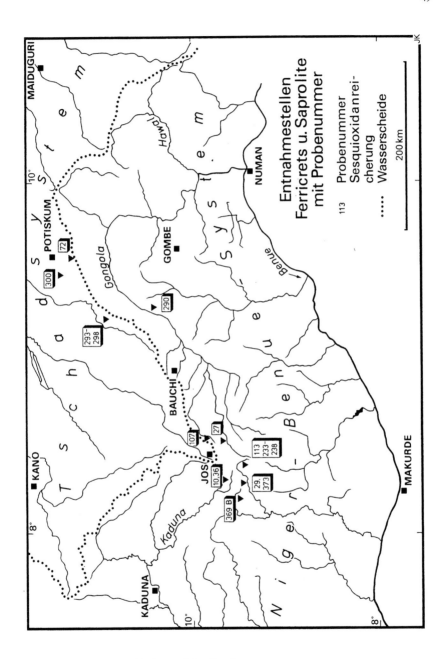

Fig.18: Entnahmestellen von Ferricret- und Saprolitproben

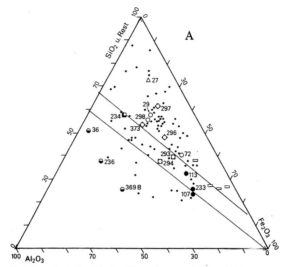

Relative Anteile (%) der Hauptkomponenten in Verwitterungsprofilen aus Zentral- und Nordostnigeria

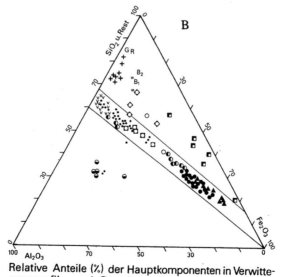

Relative Anteile (%) der Hauptkomponenten in Verwitterungsprofilen und Gesteinen des Jos-Plateaus (Zentralnigeria)

Fig.19: Relative Anteile der Hauptkomponenten im untersuchten Verwitterungsmaterial (Analysedaten für Granit und Quarzporphyr: aus McLEOD et al. 1971; sonstige Analysedaten zu B: Labor des Geolog. Inst. Hamburg; Daten zu A: Geomorphol. Labor des Geogr. Inst. Köln)

Legende

☐ Eisenoolithe der Kerri-Kerri Schichten

▢ Ferricret der Fluviovulkanischen Serie (FVS), lamelliert, aus quarzreichem Ausgangsmaterial

▲ Ferricret der FVS, lamelliert, aus überwiegend quarzfreiem Ausgangsmaterial

● Ferricret der FVS, pisolithisch bis nodular

◐ Ferricret der FVS, überwiegend tubular-vermiform

⊖ Al-Anreicherungszone der FVS

○ Ferricret, jünger als FVS

△ Ferricret, jünger als FVS, wahrscheinlich quartär

• In Fig. A: Ferricret, ohne zeitliche Einordnung

▢ Fleckenzone in FVS oder mit ihr vergleichbar

◇ Oxidationshorizont oder Fleckenzone, jünger als FVS

+ Saprolit aus Granit

s Saprilot aus Gneis

v Saprolit aus saurem Vulkanit (der FVS?)

• In Fig. B: Saprolit aus intermediärem bis basischem Vulkanit der FVS

∕∕ Trendlinien der Fe-Anreicherung in der FVS

G Porphyrischer Granit der "Jüngeren Granite", unverwittert

R Quarzporphyr der "Jüngeren Granite", unverwittert

B_1 Basalt der FVS (Älterer Basalt), unverwittert

B_2 Jüngerer Basalt, unverwittert

36 Probenummer ausgewählter Proben

Eine deutliche Desilifizierung zeigt sich bei der Probengruppe in Fig.19B, bei der die Al_2O_3-Anteile mehr als 40 Mol% ausmachen.

Aus Fig.19B lassen sich für die Verwitterungsprofile der FVS Abhängigkeiten zwischen Ferricrettyp und Ausmaß der Eisenanreicherung ableiten. Besonders starke Eisenanreicherung zeigen lammellierte Ferricrets. Aber auch pisolithische Ferricrets enthalten viel Eisenoxid. Ferricrets, bei denen vor allem an den Wänden von Röhren und Gängen die Eisenanreicherung erfolgte (tubular-vermiforme F.) zeigen deutlich geringere Eisenanteile, die in der Fleckenzone und im primärgefleckten Saprolit weiter abnehmen. Ähnlich hohe Werte wie die pisolithisch-nodularen und die lammellierten Ferricrets der FVS erreichen die Eisenoolithe des Kerri-Kerri (Fig.19A). Wenige Proben wurden im Rahmen des Projektes von Profilen entnommen, die aufgrund ihrer morphologischen Position oder ihrer Lage über datiertem Basalt jünger einzustufen sind als die FVS. Sie fallen deutlich aus der Trendlinie der Verwitterung der FVS heraus (Fig.19B). Der Vergleich mit den eigenen Analysen (Fig.19A) zeigt, daß in jüngeren Proben die relative Anreicherung generell geringer ist. Das weist auf eine schwächere Verwitterung des Ausgangssubstrates vor der Eisenanreicherung hin.

Insgesamt ergaben die Untersuchungen, daß Probenmaterial, das als relativ jung (Plio/Pleistozän) eingestuft wurde und das nicht aus wiederverbackenen Umlagerungsprodukten (LDF=laterite derived facies) bestand, nie die hohen Eisen- oder Aluminiumgehalte älterer Proben enthielt. Das heißt, in Nigeria ist die Bildung von supergenen Verwitterungsreicherzen ein Vorzeitphänomen. Als Informationsträger für vorzeitliche Umwelteinflüsse und vor allem für Alterszuordnungen sollte man jedoch nicht nur die Ferricrets, sondern auch die sich darunter anschließenden Abschnitte der Verwitterungsprofile heranziehen.

Für die Saprolitisierung beziehungsweise Lateritisierung werden viel Zeit (10^6 und mehr Jahre) und hohe Niederschläge benötigt. Vergleyung und Pseudovergleyung dagegen sind Prozesse, die relativ rasch, aber nur auf grundwassernahen oder staunassen Standorten ablaufen. Ferricrets können sich innerhalb von Jahrzehnten bilden, wenn die geochemischen Rahmenbedingungen besonders günstig sind. Beispiele dafür sind Ferricretbildungen an künstlichen Aufschlußwänden oder durch Ferricret verbackene emaillierte Kochtöpfe (frdl. mdl. Mitt. OLLIER). Deshalb müssen für differenzierte Aussagen zur Landschaftsgeschichte sowohl Ferricrets als auch Saprolite untersucht werden.

6.1.2 Ältere Verwitterungsreste

6.1.2.1 Verwitterungserscheinungen in der Fluviovulkanischen Serie (FVS)

Die ältesten untersuchten Verwitterungsreste, die sich zeitlich einordnen lassen, entstammen der FVS. Diese ist im Jos-Plateau weit verbreitet. Es ist eine Abfolge verwitterter Ablagerungen und Vulkangesteine. An der Basis enthalten die Sedimente viel Quarze und stabile Schwerminerale, von denen vor allem Kassiterit und Kolumbit von wirtschaftlichem Interesse sind. Im Bereich der Hauptwasserscheide, welche die Einzugsgebiete von Tschad-Becken sowie Benue- und Niger-System trennt, bilden Ferricrets der FVS Teile einer Ebenheit. Zu den Plateaurändern hin treten Ferricret-Tafelberge (Fig.20) auf, die vor allem im Westteil des Plateaus in großer Zahl um manchmal mehr als 100 m die Talzüge überragen. Charakteristische Merkmale einzelner Profilabschnitte treten auch in benachbarten Profilen auf. Sie sollen an einem Beispiel dargestellt werden. Das Profil wurde gemeinsam mit FARN-BAUER, SCHWERTMANN, TIETZ und VALETON beprobt und in verschiedenen Arbeitsgruppen bearbeitet. Zur Ergänzung werden eigene Dünnschliffe von Probenmaterial herangezogen, das an einem Tafelberg am gegenüberliegenden Hang nördlich des Flusses Werram entnommen wurde (Fig.20).

Fig.20: Tafelberge am Werram (Westliches Jos-Plateau). Blick vom Tafelberg des Profiles 2 nach W. Deutlich geneigte Ferricrets in Quarzsanden bilden am Hang schmale Gesimse, während die Tafelberge von horizontalen Ferricretkappen überdeckt sind (Das heißt, zwischen der Entstehung der älteren und der jüngeren Ferricrets dieser Tafelberge lag eine tektonische Phase) Im Hintergrund die Ganawuri-Berge; rechts im Mittelgrund ein Rampenanstieg, der zum Rand der tiefgründig verwitterten Rumpfebene des Jos-Plateaus heraufführt.

233 Ferricret, pisolithisch-nodular, mit einzelnen Quarzsandkörnern
234 Ferricret, zellig, mit zahlreichen korrodierten Quarzsandkörnern
235 Basalt-Saprolit, schwach goethitisch
236 Alucret, schwach vermiform, mit Basaltreliktgefüge
237 Ferricret, schwach vermiform; v.a. kohärentes Fe-Hüllengefüge um korrodierte Quarzsandkörner
238 Ferricret, v.a. kohärentes Fe-Hüllengefüge um korrodierte Quarzsandkörner (z.T. gut gerundet) und Pisoide mit Basalt-Reliktgefüge

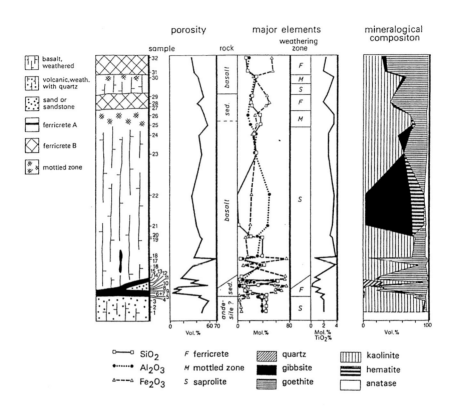

Fig.21: Profil 2 aus der Fluviovulkanischen Serie. Zur Lokalisierung siehe Fig.26; zur Erläuterung siehe Text

Beschreibung von Profil 2 (Fig.21):

Südlich des Flusses wurde am Hang eines Tafelberges ein 19 m mächtiges Profil beprobt und analysiert (Fig.21). Es fällt auf, daß in dem Profil drei Ferricrets (F), drei Saprolite (S) und zwei Fleckenzonen (M) entwickelt sind, die sich weiter differenzieren lassen.

Das Profil beginnt mit einem Vulkanit, der einzelne idiomorphe Primärquarze enthält. Das Zirkon/Titan-Verhältnis (Fig.22) macht nach HALLBERG (1984) wahrscheinlich, daß ein andesitisches Ausgangsgestein vorlag. Mit Ausnahme der Primärquarzreste ist es zu einem Saprolit umgewandelt worden, der neben Kaolinit (über 90 Vol.%) wenig Goethit und Spuren von Gibbsit enthält. In zahlreichen benachbarten Aufschlüssen zeigt der saprolitisierte Vulkanit durch seine blendend weiße Farbe, daß er nur aus Kaolinit (und Primärquarzresten) besteht.

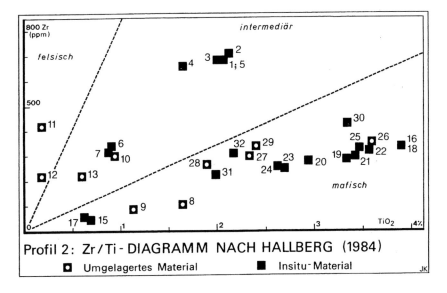

Fig.22: Zirkon/Titan-Verhältnisse der Proben aus Profil 2 der Fluviovulkanischen Serie; die Zuordnung zu unterschiedlichen Gesteinsgruppen wird durch die mineralogischen und mikromorphologischen Befunde gestützt.

Der Ferricret darüber wurde in unterschiedlichem Ausgangsmaterial gebildet, das fossile Hölzer enthält. Ein Teil des Materials besteht aus Flußsanden. Die Poren zwischen den Quarzen sind durch Eisenoxide oft weitgehend gefüllt, wodurch die Porosität unter 8 % absinkt. Der Anteil an Fe_2O_3 kann in solchen Fällen über 80 Mol % liegen. Die Quarze sind oft korrodiert (Tafel 1/1) und bröckeln dann beim Zerschlagen der Handstücke wie Zucker heraus. Bei den Eisenoxiden handelt es sich meist um nadelige Goethitaggregate (Tafel 5/1) mit relativ großen Kristalliten (bis 30 nm; ZEESE et al. 1993) und geringer Aluminiumsubstitution (bis 5 Mol %; ZEESE et al. 1993). Die Anwachsflächen des Goethit zeichnen oft die Oberfläche geätzter Quarze nach (Tafel 5/2; Tafel 5/3). Im Dünnschliff erscheinen die Goethitaggregate als palisadenartige Säume (kolloformes Gefüge) an den Porenrändern (Tafel 1/2). Das Makrogefüge ist massig bis lamelliert.

Über dem ersten Ferricret folgt ein mächtiger Saprolit aus ilmenithaltigem Basalt. Er ist durch eine auffällige Farbgebung gekennzeichnet, die von blendend weiß über gelb und rot bis violett reicht und deutlich erkennbar das Reliktgefüge des Basalt nachzeichnet (Tafel 1/3). Im Saprolit liegt ein Abschnitt mit sehr hohem Gibbsitanteil (über 70 Vol.%) und relativ hohen Hämatitwerten (bis 20 Vol.%). Dünnschliffe aus diesem Abschnitt (Tafel 1/4) zeigen übereinstimmend, daß Hämatitstege den Außensaum ehemaliger Pyroxene nachzeichnen.

Gibbsit ist an diese Stege angewachsen oder bildet Pseudomorphosen auf Feldspat. Erkennbar ist der hohe Anteil offener Poren, obwohl die Porosität mit 35-40% etwas geringer ist als im eigentlichen Saprolit (über 45%). Der mittlere Saprolit weist verglichen mit dem unteren Saprolit höhere Eisenoxidanteile auf, bei denen außerhalb der bauxitischen Zone der Goethit überwiegt. Bevorzugt in Rissen treten Gibbsitkristalle auf (Tafel 5/4), die oft deutlich größer sind (20-100 um) als die Gibbsite in den Feldspatpseudomorphosen der bauxitischen Zone. Mit Einsetzen der ersten Fleckenzone ändert sich deutlich der Mineralbestand. Ilmenit fehlt, dafür tritt Quarz auf (ZEESE et al. 1994). Diese Situation ist bis zur Obergrenze des zweiten Ferricret gegeben.

Innerhalb des mittleren Ferricret liegt eine etwa 10 cm mächtige, extrem verfestigte Bank. Dünnschliffe (Tafel 2/1) zeigen Primärquarzkörner (ca 2 mm Durchmesser) und unterschiedliche Pisolithe. Die Matrix zwischen den Klasten des oligomikten Sedimentes läßt gelartiges Neubildungsgefüge, ein Nebeneinander rötlich und gelblich färbender Eisenoxide sowie in einem Teil der Poren Gibbsit erkennen. Bei stärkerer Auflösung (Tafel 2/2) wird deutlich, daß die Rotfärbung durch rundliche, manchmal sechseckige Hämatitflecken erfolgt, die größere Zusammenballungen bilden können. Die Flecken und Sechsecke setzen sich ihrerseits aus zahlreichen Hämatitkristalliten im submikroskopischen Bereich (bis 60 nm; ZEESE et al. 1994) zusammen. Gelblich erscheinende Goethitpalisaden umsäumen die meisten Poren. Sie sind vergleichbar mit den oben beschriebenen Porenfüllungen des ersten Ferricret und treten bevorzugt in der kompakten Bank auf. Die Fe_2O_3- Gehalte in dem Ferricret liegen außerhalb der Bank bei etwa 50 Mol. % und können in dem kompakt-pisolithischen Teil bis nahe 70 % reichen.

Über dem mittleren Ferricret folgt nochmals eine Abfolge von Saprolit, Fleckenzone und Ferricret, die nach ihrem Mineralbestand aus der Verwitterung eines Basaltes entstanden ist.

Interpretation von Profil 2:

Das Profil setzt sich zusammen aus drei verwitterten Vulkaniten, zwischen denen Sedimente liegen. Im oberen Sedimentkörper dominiert mit den Pisolithen umgelagertes pedogenes Material in einer Mächtigkeit von mindestens 150 cm. Der untere Sedimentkörper besteht in seinem zentralen Teil aus rund 80 cm mächtigen Quarzsanden. Die starke Eiseninfiltration erschwert Rückschlüsse auf das Edukt. Der sehr hohe Primärquarzanteil, das Zr/Ti-Verhältnis, das Gemisch aus kantigen und gerundeten Quarzkörnern und das Auftreten von Zinnstein, der aus verwitterten Jüngeren Graniten stammt, machen einen Ferntransport als Flußsand wahrscheinlich. Das umgelagerte Pisoid/Quarz-Gemisch des Sedimentkörpers über der bauxitischen Zone läßt sich ebenfalls nicht aus dem darunterliegenden Basaltsaprolit ableiten. Die Pisoide wurden, was ihr unterschiedliches Reliktgefüge belegt, nicht aus einheitlichem Gestein gebildet. Deshalb sind verschiedene Basalte als Edukte anzunehmen. Die mit den Pisoiden vemengten Primärquarze können nicht aus dem Basalt stammen, der keine Primärquarze

enthält. Somit handelt es sich auch hierbei um zusammengespültes, vom Wasser transportiertes Material.
Aus der Mächtigkeit mancher Verwitterungsprofile in der FVS mit zwischengeschalteten Umlagerungsprodukten ergibt sich zudem, daß die Landschaft keine Ebene gewesen sein kann. Flache Talformen und ein ausreichendes Gefälle für den Transport der Kiesfraktion (Pisoide, vereinzelt Quarze) sind vorauszusetzen. Gelegentlich lassen Aufschlüsse die durch FVS überdeckten Talhänge erkennen.
Für den oberen Ferricret läßt sich eine Umlagerung vor der Fe-Anreicherung nicht nachweisen. Für die Ferricrets mit der stärksten Eisenanreicherung (bis > 70 % Fe_2O_3) jedoch ist die vorangegangene Umlagerung gesichert. Mit der Umlagerung verbunden war eine Ausspülung des Feinmaterials (Fe-arme Tonmatrix), während die eisenreichen Plinthite in der Talsohle liegenblieben. Die weitere Anreicherung mit Eisenoxid wurde durch texturelle Sonderbedingungen (Makroporen mit guter Dränage = Durchlüftungsdiskontinuität) zusätzlich gefördert.
Die Verwitterung der Ausgangsgesteine war intensiv. Besonderen diagnostischen Wert hat die mindestens zwei Meter mächtige Bauxitzone. Das nahezu vollständige Fehlen des Kaolinit, der recht hohe Porenraum von 35-40 % und die Pseudomorphie auf Feldspat machen wahrscheinlich, daß Si durch das Grundwasser aus dem System abgeführt wurde. Damit ist der Bauxit überwiegend durch relative Anreicherung zu erklären. Dies erfordert einen anhaltenden Austausch durch frisches Niederschlagswasser.
Für die Primärquarzlösung muß man entweder dieselben Bedingungen voraussetzen (unter 6 ppm Si in der Lösung) oder einen extrem hohen pH-Wert von über 9-9,5 in Erwägung ziehen. Die Korrosion wäre dann im Reduktionsbereich des Grundwassers unter einem noch nicht vollständig verwitterten, Kationen liefernden Basalt abgelaufen. In diesem Fall wäre die Bildung der Eisenoxidaggregate, die Korrosionsoberflächen der Primärquarze nachzeichnen, deutlich später, nach Absenkung des Grundwasserspiegels, erfolgt. Die Pseudomorphie kann jedoch auch auf eine Verdrängung des Quarzes durch Eisenoxid zurückzuführen sein. In diesem Fall wäre die extrovertierte Eisenanreicherung in Poren, wobei als Eisenmineral ein Al-armer Goethit entsteht, bei hohem, periodisch leicht schwankendem Grundwasserstand als Vergleyungsvorgang abgelaufen (= Bildung eines G_0-Horizontes).

Literaturdiskussion:
Eine verstärkte Quarzkornkorrosion durch die Bildung von Eisenoxid wird neuerdings diskutiert (GERMANN et al. 1990). Sie kann auch im Gefolge einer sekundären Vererzung ablaufen (s.a. SCHWARZ et al. 1990). An Durchlüftungsdiskontinuitäten kommt es dabei im Saprolit zur Eisenausfällung (=C_{sm}). Die Eisenbänderung ("ferriband" nach GERMANN et al. 1990, 118) ist vergleichbar mit der Bildung der Hunsrückerze im Rheinischen Schiefergebirge (FELIX-HENNINGSEN 1990). Unterschiede in Textur und Chemismus scheinen auch wesentlich für eine Ferricretbildung in Böden zu sein (s.a. SCHWARZ et al. 1990;

GERMANN et al. 1990). Nach OLLIER & GALLOWAY (1990, 107) entstehen Ferricrets generell in transportiertem Material. Teilweise kontrovers diskutiert wird die Bildung bauxitischer Zonen im Saprolit. Generell anerkannt wird, daß die Bildung mächtiger Bauxite langanhaltende feuchtklimatische Einflüsse voraussetzt. Wie FRITZ & TARDY (1973) in einer Computersimulation zeigten, entsteht aus primärquarzfreiem Ausgangsgestein in rund 350.000 Jahren 1 m Gibbsit (FRITZ & TARDY 1973). wenn die Lösung möglichst permanent an Si untersättigt ist. Damit läßt sich mit Profil 2 anhand seiner Verwitterungsmerkmale ein außerordentlich verwitterungsintensiver Zeitabschnitt nachweisen, der bei einer Mächtigkeit des Bauxit von über 2 m mindestens rund 10^6 Jahre bei annähernd gleichen Bedingungen angehalten hat. Nach den Vorstellungen von BARDOSSY & ALEVA (1990, 74) über die Bauxitbildung war es ein monsunal getöntes Klima mit einem kurzen Abschnitt (1-3 Monate) deutlich geringerer Niederschläge. Durch die damit zusammenhängende kurzfristige Grundwasserspiegelabsenkung konnte sauerstoffhaltiges Grundwasser die Gibbsitbildung begünstigen. BARDOSSY & ALEVA (1990) betonen, daß eine gute Dränage ebenfalls für die Bauxitbildung notwendig ist (s.a. WIRTHMANN 1987; TARDY et al. 1991).

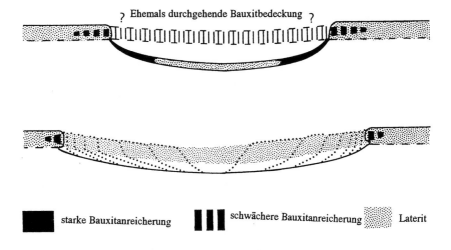

Fig.23: Bauxitbildung nach McFARLANE (McFARLANE 1983, leicht verändert).
A: Die gegenwärtige Bauxitverteilung zeigt an, daß dieser keine geschlossene Decke gebildet hat, sondern genetisch mit dem Hangknick zusammenhängt, der zertalte Laterite begrenzt.
B: Ein angenommenes Modell der Bauxitbildung. Hangrückverlegung in einem frühen Stadium der Lateritzertalung verhinderte die Bauxitbildung; mit zunehmender Entfernung von den Tiefenlinien jedoch erlaubte die verlangsamte Hangrückverlegung eine Bauxitbildung.

MCFARLANE (1983) nimmt für die Bauxitbildung die vorangegangene Zertalung eines Lateritprofiles an ("bauxitisation as a post-incision modification of laterite profiles"; MCFARLANE 1991, 273), wobei Bauxit am Außensaum von Krustenstufen gebildet wird (Fig.23). Teilweise konträr dazu sind die Überlegungen von VALETON (z.B. 1983) über die Bauxitbildung (Fig.24), die zwischen

1) einer Bildung über dem Grundwasser mit Erhalt von Reliktgefügen, aber ohne Separierung von Fe und Al,
2) einer Bildung im Grundwasserschwankungsbereich mit einer Separierung von Fe und Al und der Entwicklung von Neubildungsgefügen sowie
3) einer Kaolinisierung bei anhaltend hohem Grundwasserspiegel unterscheidet.

Aus der Untersuchung der FVS wird ersichtlich, daß im Untersuchungsgebiet die Vorstellungen von VALETON eher zutreffen als die von McFARLANE. Die relative Anreicherung von Aluminiumoxid ist ohne hohen Grundwasserstand schwer verstehbar. Nach den Dünnschliffen ist als Folge einer Zertalung eher mit einer (der relativen Anreicherung zeitlich nachgeordneten) absoluten Anreicherung zu rechnen. Dabei entstanden in den Poren große Gibbsitkristalle aus der übersättigten Lösung des perkolierenden Bodenwassers.

Zusammenfassung:

Die Rückschlüsse aus der Untersuchung von Profil 2 auf die Landschaftsgeschichte sind somit:
Der untere Saprolit entstand in einem feuchten Klima bei permanent hohem Grundwasserstand im stagnierenden Grundwasser, was zur vollständigen Kaolinisierung führte (Fall 3 von Fig.24). Der mittlere Saprolit wurde in einem feuchten Klima bei guter Dränage und jahreszeitlich etwas schwankendem Grundwasserspiegel in strömendem Grundwasser gebildet. Küstennähe oder zumindest Anschluß an eine Küstenebene, wie dies VALETON (1983) für die Bildung eines Grundwasserlaterit fordert, war allerdings für die Separierung von Fe und Al im Profil nicht notwendig. Der obere Saprolit entstand über dem permanenten Grundwasser in der vadosen Zone mit Stauwasser (Plinthitbildung).
Der obere Ferricret läßt sich deshalb als plinthitischer Horizont eines Ferralsol deuten. Die beiden Fleckenhorizonte sind Folge einer Redox-Fleckung an Wurzelröhren und Tiergängen und damit als fossile B/C-Übergangshorizonte zwischen Solum und Saprolit anzusehen.
Die zwischengeschalteten Sedimentlagen zeigen, daß die beiden ilmenithaltigen Basalte Täler verfüllten und danach mit Material überdeckt wurden. In dem umgelagerten Material war die Ferricretbildung durch den hohen Anteil an Grobporen besonders begünstigt. Der untere Ferricret zeigt vor allem Merkmale der extrovertierten (s.S.47) Eisenanreicherung. Im mittleren Ferricret ist dieser Prozeß in der beschriebenen, etwa 10 cm mächtigen extrem verfestigten Bank ebenfalls abgelaufen. Deshalb ist nicht auszuschließen, daß es sich um fossile Gleyho-

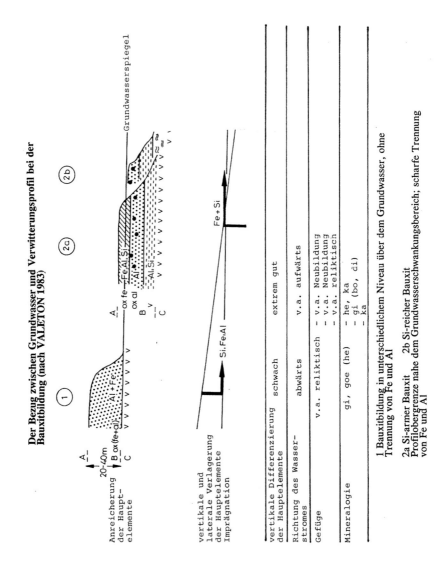

Fig.24: Der Bezug zwischen Grundwasser und Verwitterungsprofil bei der Bauxitbildung nach VALETON 1983 (aus VALETON 1994)

rizonte handelt. Damit dokumentieren sich in den vulkanischen Ausgangsgesteinen und in den Sedimenten und Verwitterungsprofilen der FVS die zunehmende Hebung und das interne Zerbrechen des Jos-Plateaus bei relativ feuchten Klimabedingungen.

6.1.2.2 Alter und Bedeutung der Fluviovulkanischen Serie

Das Alter der FVS:

Die FVS läßt sich anhand absolut datierter Basalte zeitlich einordnen (Fig.25). Ein ältester etwa 35 Ma alter (Anhang 1) ilmenitfreier Basalt hat in seinem Liegenden geringmächtige Sande mit extorvertierter Fe-Anreicherung. Ein 27 Ma alter ilmenitreicher Basalt überdeckt ein Verwitterungsprofil mit drei pedogenen Ferricrets aus ilmenitfreien Vulkaniten, die zum Teil Primärquarze aufweisen. Die ilmenitfreien basischen wie auch die intermediären Vulkanite sind als ältere Folge der FVS von den teils ilmenithaltigen Basalten darüber zu trennen. Die saprolitisierten intermediären Vulkanite überdecken ergiebige Zinnseifen, die aus den jurassischen Graniten stammen. Ihre Anreicherung erfuhren sie nach der Verwitterung durch Umlagerungsprozesse, die als die ältesten rekonstruierbaren und relativ datierbaren Formungs-

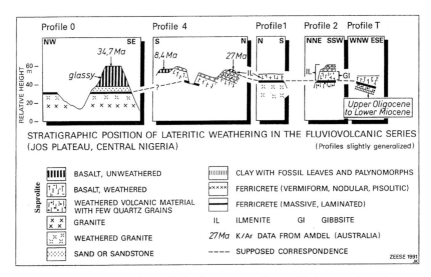

Fig.25: Die stratigraphische Position lateritischer Verwitterungsprofile in der Fluviovulkanischen Serie (Halbschematische Darstellung)

prozesse im Jos-Plateau anzusehen sind. Sie waren wahrscheinlich die Folge einer ersten Hebungsphase nach dem Zeitabschnitt intensiver Verwitterung, die an der Kreide/Tertiär-Wende auf ein extrem flaches Ausgangsrelief eingewirkt hatte (Kap.5.1).

Die bisher untersuchten bauxitischen Profile enthalten Ilmenit, während stratigraphisch tiefere Profilabschnitte ilmenitfrei sind. Da der älteste datierte ilmenithaltige Basalt vor etwa 27 Ma entstand, markiert er das wahrscheinliche Maximalalter der bauxitischen Verwitterung. Die ältesten bisher datierten Basalte, auf denen ein Saprolit ohne Ferricret und ohne Bauxit entwickelt wurde, liegen bei 8,4 Ma (Anhang 1). Damit ist ein Mindestalter der bauxitischen Verwitterung gegeben. Der gelegentlich deutlich über 20 m mächtige Saprolit mit bauxitischer Anreicherungszone ist Folge eines feuchtwarmen Klimas, das nach dem Eozän, aber vor dem Obermiozän wirksam war. Mit allergrößter Wahrscheinlichkeit lag das Klimaoptimum im Mittelmiozän, in dem auch in Mitteleuropa letztmalig Bauxite gebildet wurden (SCHWARZ 1989). Im selben Zeitabschnitt entwickelten sich in Südnigeria bei hohem Meeresspiegelstand die jüngsten Braunkohlelager des Landes (REYMENT, frdl. Mitt.). Als Bestätigung der Einordnung ins Miozän kann die Datierung fossilführender Seetone gelten, die von TAKAHASHI & JUX (1989) ins Oberoligozän/Untermiozän gestellt werden (s.a.Fig.25). Sie wurden in früheren Publikationen (VALETON & BEISSNER 1986; VALETON 1991; ZEESE 1990; 1991a; 1991c), da die Grube bei der Erstbegehung weitgehend verstürzt war, in Anlehnung an MCLEOD et al. (1971) als stratigraphisch Hangendes der Fluviovulkanischen Serie angesehen. Eine erneute Überprüfung mit JUX im Jahre 1990 ergab jedoch, daß sie als Teil der Fluviovulkanischen Serie anzusehen sind. Damit ist ein prä-oligozänes Alter der Bauxitbildung, wie es VALETON (1991) annimmt, recht unwahrscheinlich.

Krustenbewegungen und Verwitterungsmerkmale der FVS:

Der ältere, durch primärquarzhaltige Vulkanitsaprolite gekennzeichnete Teil der FVS ist sowohl westlich von Profil 2 (Fig.21) als auch in Profil 4 (zur Lage von Profil 4 und zum folgenden s. Fig.26) schräggestellt. Rund einen Kilometer südlich der Aufschlüsse von Profil 4 liegt der nördliche Rand eines etwa N 100° E streichenden Grabens, in dem der bisher einzige Silcretfund des Jos-Plateaus gemacht wurde. Etwa drei Kilometer nordwestlich des Aufschlusses ist die FVS durch eine ca. N 160° E streichende Störung verstellt. Im Aufschluß selbst zeigt die Kluftrose aus 112 Messungen ein auffälliges Maximum in derselben Richtung, während ein zweites Maximum mit N 35-60° E die Richtung der intrakontinentalen Fortsetzung der vermuteten Romanche-Störung markiert (s. Kap.5.1). Eine Schrägstellung von Teilen der FVS ist an vielen anderen Stellen zu beobachten (s.a. KOTANSKI 1976). Selbst in den Ganawuri-Bergen liegt 16 km NNW von Profil 2 in Fortsetzung der alten Nordentwässerung ein schräggestelltes Vorkommen unter einem 3 Ma alten Basalt (Anhang 1).

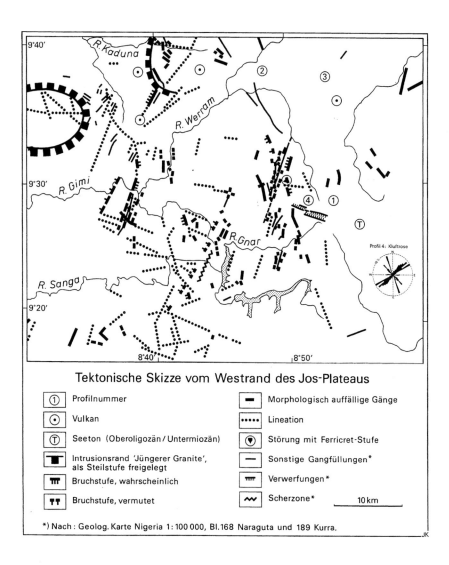

Fig.26: Geotektonische Skizze vom Westrand des Jos-Plateaus (Profil 0 nördlich des Kartenausschnittes westlich Jos, s. Fig.52)

1994 wurde im Rahmen eines von der VW-Stiftung geförderten interdisziplinären Projektes über "Umweltveränderungen in Nigeria seit der Öffnung des Atlantiks", in dem der Antragsteller mit MINDSZENTY und FODOR (beide Budapest) und SCHWARZ (Berlin) zusammenarbeitet, während erster gemeinsamer Feldarbeiten wenige hundert Meter nordöstlich von Profil 2 ein Aufschluß vermessen, in dem durch das Verwitterungsprofil der FVS ein Vertikalversatz von mehreren Metern verläuft. Noch fehlen Altersbestimmungen der primärquarzhaltigen Vulkanite, da innerhalb der FVS kein unverwittertes Ausgangsgestein erhalten ist. Eine erste Alterszuordnung erhoffen sich die Projektmitglieder in Kürze aus der Datierung eines Andesitvorkommens aus dem südlichen Jos-Plateau, von dem Proben derzeit in Bearbeitung sind.

Da der älteste datierte mafische Vulkanit des Jos-Plateaus ein K/Ar-Alter von 34,7 +/- 0,2 Ma aufweist, kann man mindestens seit dem Unteroligozän mit Krustenbewegungen rechnen. Die unterschiedliche Ausprägung der Verwitterungsprofile im stratigraphisch tieferen Abschnitt der FVS, die aus unterschiedlichen Flurabständen des Grundwassers resultiert, könnte somit auf Krustendislokationen zurückzuführen sein. Andererseits ist nicht auszuschließen, daß es sich lediglich um fossile Verwitterungscatenen vom Vorfluter zum Hangfuß handelt.

Die ilmenithaltigen Basaltsaprolite liegen oft mit einer Winkeldiskordanz über den quarzhaltigen Vulkaniten. Teils handelt es sich um Erosionsdiskordanzen (Talhänge), teils wurden verstellte Verwitterungsprofile von den mafischen Eruptionen überdeckt, auf denen nachfolgend teils bauxitische Verwitterungsprofile entstanden. Nach BARDOSSY & ALEVA (1990,83) soll die Bildung von Plateaubauxiten auf Einebnungsflächen bei einer Abdachung von 1-5 besonders begünstigt sein. Für das Jos-Plateau ist deshalb die Annahme berechtigt, daß im Miozän zeitweise ein basaltüberdecktes Gelände mit schwacher Abdachung existierte.

Von Basalten überdeckte Flächen sind bis heute großflächig im Jos-Plateau erhalten. Bauxite über obermiozänen oder jüngeren Basalten wurden jedoch bisher nicht festgestellt.

Die Bedeutung der FVS:

Die FVS dokumentiert somit:

- In ihrem tieferen Teil Einflüsse wahrscheinlich semihumid-wechselfeuchter Klimate im Oligozän (B_{ox}-Bildung, Kaolinisierung).

- Eine schwache Hebung und Schrägstellung bereits im Oligozän (früher Vulkanismus).

- Eine Fortdauer der Krustenbewegungen bis zum Mittelmiozän.

- Einen Zeitabschnitt der Bauxitbildung (feuchtwarmes Klima mit kurzer Trockenzeit), der wahrscheinlich mit dem letzten globalen Bauxit-"event" im Mittelmiozän (s. dazu BARDOSSY & ALEVA 1990).

- Eine geringe subaerische Abtragung trotz einer wahrscheinlichen Abdachung von 1° oder mehr, da die Bildung der mächtigen Al-Anreicherungszone Biostasie über einen Zeitraum von mindestens 10^6 Jahren voraussetzt (Stabilitätszeit i.S.v. ROHDENBURG 1989).

Andererseits wurden jedoch viele Vulkanite von Sedimenten überdeckt, die aus umgelagertem Verwitterungsmaterial bestehen. Die Sedimente umfassen manchmal ein recht breites Korngrößenspektrum (kiesig-blockige Pisoide und Fe/Al-Knollen in sandig-toniger Matrix). Sie sind deshalb als Indiz für Rhexistasie anzusehen. Ihre Enstehung läßt sich bei insgesamt flachem Relief unter feuchtklimatischen Bedingungen durch tektonische Verstellung allein schwer begründen. Eine Erklärung könnte sein, daß durch die Vulkanausbrüche das Vegetationskleid zerstört wurde und die tiefgründig verwitterte Landoberfläche kurzfristig ihren Abtragungsschutz verlor. Für dieses "Katastrophenmodell" sprechen die relativ häufig zu beobachtenden Pflanzenreste in den Sedimenten.

6.1.2.3 Verwitterungserscheinungen in den Beckensedimenten

Leider sind die Bearbeitungen der kreidezeitlichen und tertiären Beckenfüllungen nicht so weit gediehen wie die Untersuchungen an den Verwitterungsprofilen der FVS. Die bisher publizierten Ergebnisse, die in Kapitel 4 bereits zusammengefaßt wurden, machen überwiegend feuchte Klimate in der Zeit zwischen dem Ende der Unterkreide und dem Oligozän wahrscheinlich. Verwitterungsprofile sind bisher erst vereinzelt publiziert (SCHRÖTER 1984; TIETZ 1987a). Dennoch erscheint ein kurzer Exkurs über die Kerri-Kerri-Schichten sinnvoll. Sind sie doch, wie wohl auch die tieferen Abschnitte der Tschadserie, als korrelate Sedimente zur FVS anzusehen.

Die Kerri-Kerri-Schichten bestehen aus kaolinitischen Tonen, gelegentlichen Schlufflagen und Sanden mit geringmächtigen Lagen gut gerundeter Schotter. Ihre Sedimentation ist als Folge einer Hebung der Ränder des Gongola-Beckens (z. B. Jos-Plateau und Umgebung) anzusehen. Zwischengeschaltete Böden zeugen auch in den Kerri-Kerri-Schichten von Zeiten der Biostasie. Kräftige Farben wie im Saprolit der FVS sind ebenfalls auffällig. Die Eisenoolithe des Kerri-Kerri haben ähnlich extrem hohe Eisenanreicherungen wie die lamellierten und pisolithischen Ferricrets der FVS.

Feldspathaltige Sande (ADEGOKE et al. 1986) jedoch belegen, daß im Oligozän/Miozän zeitweise nicht nur die kaolinitisch/bauxitische Verwitterungsdecke Materiallieferant für die

Beckensedimente war. Grobklastische Lagen in der ansonsten pelitischen Tschadserie (Kap.5.3), welche aus der limnischen Sedimentation im Beckeninneren resultiert, bezeugen die mehrfache Unterbrechung der ruhigen Sedimentationsbedingungen. Da bisher keine Hinweise auf aride Klimaverhältnisse in Nigeria zwischen Oberer Unterkreide und Pliozän bekannt wurden, sind die Unterbrechungen am ehesten als Folge tektonischer Impulse und damit zusammenhängender Abtragungsverstärkung zu erklären. Aus der Analyse der FVS läßt sich vermuten, daß eine schwache Schrägstellung nicht ausreichend war, um unter Vegetationsbedeckung den Saprolit flächig abzuräumen. Für die Lieferung frischen Materials ist deshalb eher an Verwerfungslinien zu denken, durch deren Zertalung frisches Gestein angeschnitten wurde. Durch die Neubearbeitung der Beckensedimente, die mit Unterstützung der Volkswagen-Stiftung in Zusammenarbeit mit MINDSZENTY und SCHWARZ erfolgen wird, ist eine weitergehende Entschlüsselung der tertiären Landschaftsentwicklung zu erwarten.

6.1.2.4 Ältere Verwitterungsreste auf Rumpfflächen

Untersuchungen an älteren Verwitterungsdecken auf Grundgebirgsgesteinen gibt es kaum. Sie gehen meist nicht über eine Klassifizierung von Ferricrets hinaus.
TIETZ (1987b) beschrieb Veränderungen in der Feldspatverwitterung eines Grundgebirgssaprolites aus Nordnigeria, die er mit einem sinkenden Grundwasserspiegel in Verbindung brachte. BECKER (1989) untersuchte im Jos-Plateau nicht nur die FVS, sondern auch Saprolite, denen er als Ausgangsgesteine Granit, Gneis und Rhyolit zuordnet. Er weist auf die recht gute Kristallinität der Kaolinite und die deutliche Ätzung der Primärquarze im Saprolit hin. Im folgenden soll ein Profil vorgestellt werden, über das bereits an anderer Stelle berichtet wurde (ZEESE 1990).
In der Trockensavanne liegt im Orte Gabarin nahe der Wasserscheide zwischen Tschad-System und Gongola-System ein Aufschluß (Fig.27) in einer Höhenlage von etwa 400 m ü.d. Meer. Die Umgebung ist eben und großflächig von einem Ferricret oder zumindest einem intensiv rotbraun gefärbten Boden überzogen. Die rund 900 mm Niederschlag fallen in einer etwa vier Monate währenden Regenzeit. In dem rund 6 m mächtigen Profil ist über einer Fleckenzone ein Oxidationshorizont mit einer Mächtigkeit von etwa 300 cm entwickelt, der durch eine Fe-Kruste abgeschlossen wird. Die Fleckenzone wird von Quarzgängen durchsetzt. In Probe 294 aus der Fleckenzone zeichnen Eisenoxidstege Pseudomorphosen von Schichtsilikaten nach (Tafel 2/4). Als Ausgangsgestein ist deshalb ein Glimmerschiefer anzunehmen. Die Röntgenbeugungskurve zeigt deutlich das Vorhandensein von Gibbsit. Gibbsit ist ein charakteristisches Neubildungsmineral der Desilifizierung, die zur Ferralsolbildung führt. Die dazu benötigten Regenmengen liegen beträchtlich höher als das derzeitige Niederschlagsaufkommen. Die Ferralsolbildung muß deshalb unter deutlich

feuchteren Klimabedingungen (N > 1 850 mm) abgelaufen sein. Es handelt sich um einen Paläoboden. In den Poren sitzen jedoch auch Toncutanen (gelblich im Dünnschliff), die auf eine Lessivierung schließen lassen. Das bedeutet, daß der reliktische Ferralsol durch eine Acrisoldynamik überprägt wurde, was in den Dünnschliffen von Reliktböden aus dem Tschad-Becken, aber auch vom Jos-Plateau recht häufig zu beobachten ist.

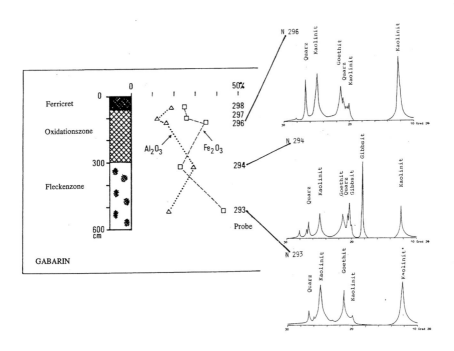

Fig.27: Lateritprofil Gabarin (Profil und Analyseergebnisse)

Dünnschliffbefunde (Tafel 2/3) verdeutlichen, daß die obersten 100 cm des Profils aus einem pedogen überprägten Sand bestehen, der wohl der Kerri-Kerri-Fazies zuzuordnen ist. Der Sesquioxidanteil ist in der Kruste geringer als im tieferen, nicht ausgehärteten Profilabschnitt, wo auch die Verwitterungsmerkmale (Lateritisierung = Desilifizierung + Ferrallitisierung) deutlich stärker sind.

Die Anteile der Hauptkomponenten (Fig.27) von Probe 293 und 294 liegen im Trend der verwitterten Fluviovulkanischen Serie (Fig.19); dies gilt nicht für die Proben 296 und 298. Damit ließe sich für den tieferen lateritisierten Profilteil ein mittelmiozänes Mindestalter aus dem Vergleich annehmen. Über das Verwitterungsprofil transgredierte der Kerri-Kerri, der ebenfalls einer semihumid-wechselfeuchten Pedogenese (B_{ox} eines Acrisol) unterlag. Die Untersuchungen des Aufschlusses in Gabarin belegen die Ergebnisse zweier unterschiedlich alter Paläo-Bodenbildungsprozesse. Es wird klar, daß bei aller gebotenen Vorsicht eine relative Datierung von Landoberflächen über die Verwitterungsdecke möglich ist. Unabhängig von der noch ungenügenden Datierung zeigt sich, daß die wechselvolle Geschichte der zum Tschadbecken abdachenden Grundgebirgs-Flachlandschaft über die Substratanalyse erschlossen werden kann. Es ist seit Jahrmillionen ein Areal geringster Abtragungsleistung, aber auch geringer Sedimentation.

6.1.3 Jüngere Verwitterungsreste

Jüngere Verwitterungsprofile wurden entweder über Basalten oder über Ablagerungen untersucht. Damit waren ältere, lediglich gekappte Saprolite als Edukte der Bodenbildung und Verwitterung auszuschließen.

6.1.3.1 Verwitterung und Bodenbildung auf jüngeren Basalten

Verwitterungsdecken über obermiozänen oder jüngeren Basalten sind in Nigeria makroskopisch sehr einfach gestaltet. Sie weisen mikromorphologisch, wahrscheinlich auch geochemisch-mineralogisch Unterschiede zu den verwitterten Basalten der FVS auf. Das Beispiel eines Verwitterungsprofiles über einem Basalt im westlichen Vorland des Jos-Plateaus, dessen Datierung zur Zeit durchgeführt wird, soll dies verdeutlichen. Der Basalt liegt in einer Höhenlage von etwa 550 m ü.d. Meer nahe dem Fuß einer stark zertalten Stufe, welche die Kaduna-Rumpffläche (rund 800 m ü.d.Meer) von der Jema'a-Rumpffläche trennt. Er überdeckt einen Sedimentkörper aus Quarzgeröllen, dessen Basis rund 10 m über einem deutlich eingetieften Fluß liegt. Ein höheres als pliozänes Alter für den Basalt ist deshalb sehr unwahrscheinlich.

Über dem Grobschotter liegen etwa 10 cm mächtige lehmige Sande, die von rund 50 cm grauem Ton überdeckt sind, der sich im Dünnschliff durch sein Reliktgefüge als Basaltsaprolit ansprechen läßt (Probe 420 in Fig.28). Darüber folgt eine rund 150 cm mächtige Oxidationszone in verwittertem Basalt. Im Schotterkörper ist kein Ferricret ausgebildet. Rund 20 m entfernt stehen am Straßenanschnitt säulige Reste des Basalt an. Von den in Fig.28 dargestellten Positionen wurden Proben entnommen und im Dünnschliff untersucht.

Probe 421 stammt aus der Nachbarschaft der Basaltreste. Die erhaltenen Kerne der Basaltsäulen sind von Verwitterungsmaterial ummantelt, wobei weitgehend das ehemalige Absonderungsgefüge des Basalt nachgezeichnet wird. Am Außensaum der ehemaligen Basaltsäule sitzen Manganausfällungen (Tafel 3/1) und in den Basaltsaprolit ziehen feine Austrocknungs-

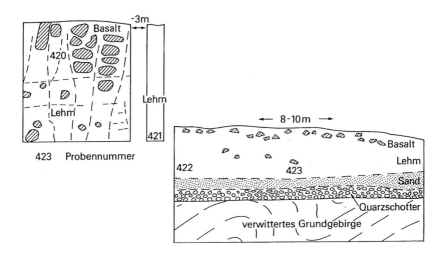

Fig. 28: Verwitterungsprofile auf Jüngerem Basalt westlich des Jos-Plateaus; mittleres und linkes Profil mehrere Meter höher und etwa 20 m vom rechten Profilteil entfernt

risse hinein. Wenige Millimeter daneben (Tafel 3/2) grenzt ein biotisch stark umgestalteter Teil mit großen unregelmäßigen Poren und undeutlichem Stopfgefüge (Freßgang) scharf an den Saprolit mit Reliktgefüge.

Probe 422 aus einem tiefer verwitterten Teil des Basaltes zeigt eine allerdings nicht mehr so scharfe Grenze zwischen einem sehr porenreichen und einem porenarmen Teil (Tafel 3/3). In dem porenreichen Teil sind keine Stopfgefüge oder andere Hinweise auf eine starke biotische Durchmischung zu erkennen. In die unregelmäßig gestalteten Poren sind Gibbsitkristalle hineingewachsen. Auch sind verwitterte Pyroxene in beiden Teilbereichen erhalten. Nach dem Dünnschliff ist der porenreiche Teil durch ein Defizit an kaolinitischer Matrix gekennzeichnet. Die Gibbsitbildung ist deshalb als Folge einer Desilifizierung in einem besser dränierten Teil des Saprolit zu verstehen. In schmalen Austrocknungsrissen dagegen (Tafel 3/4) ist bei schlechteren Dränagebedingungen das Si mit dem Al verblieben und bildet Kaolinitsäume, die teilweise durch Fe-Oxide verunreinigt sind. Kaolinitbildung läßt sich bis an die Basis des Profiles nachweisen. Eine bedeutende Verlagerung oder gar Anreicherung des vor allem bei der Pyroxen- und Olivinverwitterung freiwerdenden Eisens läßt sich nicht feststellen. Auch fehlen Hinweise auf eine Tonverlagerung. Der Profil ist deshalb einem *Ferralsol* zuzuordnen. Die Ferralsoldynamik mit der bis in den Saprolit wirksamen Gibbsitbildung benötigte wahrscheinlich feuchtere Klimaverhältnisse als gegenwärtig westlich des Jos-Plateaus herrschen. Bei einem halben Jahr Trockenzeit sind die Niederschläge mit etwa 1 800 mm Jahresdurchschnitt allerdings relativ hoch.

Gelegentlich sind im Jos-Plateau und seinem Umland in Zinngruben und an Straßenanschnitten bis über 10 m mächtige Verwitterungsprofile über obermiozän/pliozänen Basalten aufgeschlossen. Dann zeigt sich, daß die graue Verwitterungszone, die in Fig.28 lediglich etwa 50 cm ausmacht, den größten Teil des Gesamtprofiles ausmachen kann.

Innerhalb der Ganawuri-Berge liegt in einem Becken ein Basalt mit K/Ar-Alter von 2,98 +/- 0,05 Ma (BN6 in Anhang 1/4), aus dem ein bis 12 m mächtiger grauer Saprolit entstanden ist. Er wird überlagert von etwa 2 m mächtigen, durch Oxidation rotgefärbten Sedimenten aus Quarzsanden und Pisoiden in lehmiger Matrix. Aus der Profilmächtigkeit von 12 m kann auf eine Umwandlung von mindestens 4 m Basalt in kaolinitischen Saprolit in 10^6 Jahren geschlossen werden.

Verglichen mit den Verwitterungsprofilen der FVS fehlen jedoch deutliche Fe- oder Al-Anreicherungszonen, eine Zone der Bunten Tone, eine Bleichzone sowie in den Sedimenten unter dem Basalt die Primärquarzkorrosion. Eine Desilifizierung dagegen läßt sich nachweisen, so daß man von einer eingeschränkten lateritischen Verwitterung sprechen kann.

Verwitterungsprofile auf quartären Basalten wurden noch nicht untersucht. Sie sind oft nur rudimentär entwickelt und können einen Oxidationshorizont aufweisen (Nitosole?). Daneben sind in morphologisch tiefer Position Vertisole entwickelt.

Die Bedingungen für eine Lateritisierung (=Desililifizierung + Ferrallitisierung) sind auf mafischen Gesteinen günstiger als auf sauren Edukten. Deshalb können die Merkmalsunterschiede der Verwitterungsprofile auf unterschiedlich alten Basalten, sofern sie auf sauren Gesteinen auftreten, ebenfalls zur relativen Altersunterscheidung von Landoberflächen herangezogen werden. Man wird generell davon ausgehen können, daß lateritische Verwitterungsprofile außerhalb des humiden Afrika in feuchteren Vorzeitklimaten gebildet wurden.

6.1.3.2 Verwitterung und Bodenbildung auf Quartärablagerungen in der Rumpfflächen landschaft

Quartärablagerungen sind eigentlich Gegenstand von Kapitel 6.2, da sie in besonderem Maße Aussagen zu vorzeitlichen Transport- und Sedimentationsbedingungen erlauben. Dort soll bei der Vorstellung der Befunde auch auf die Verwitterung eingegangen werden. Lediglich je ein Beispiel aus Trocken- und Feuchtsavanne sollen die unterschiedlichen Verwitterungsbedingungen in den beiden Klimazonen während des Quartärs verdeutlichen, um den regionalen Vergleich abzuschließen.

In der Trockensavanne (ca. 1.000 mm Niederschlag; über 6 Monate Regenzeit) wurde im Benue-Tiefland bei Straßenbauten 8-12 m über dem Wase-Fluß ein Terrassenkörper aufgeschlossen (Fig.33; s.a. Kap.6.2.3). Der Sedimentkörper beginnt über einem vergrusten Orthogneis mit kantigen bis kantengerundeten Buntschottern, denen rund 4 m schlecht sortierte kiesige Sande mit Grobschotterlagen folgen. Die kantigen bis kantengerundeten Sande sind reich an kernfrischen Feldspäten (Tafel 4/1) und teils frischem, teils angewittertem Glimmer. Die Matrix ist montmorrillonitreich, was zur Bildung charakteristischer Schrumpfrisse geführt hat (Tafel 4/1). Diese enthalten teilweise Tonkolloide. An der Basis des Verwitterungsprofiles kommen Kalkknauern vor (87 Mol. % HCl-lösliche Bestandteile). Der Dünnschliff (Tafel 4/2) zeigt vereinzelte Quarz- und Feldspatpartikel, die von spätigem Calcit dicht umgeben sind. Calcit ist auch in feine Risse von Primärquarzkörnern eingedrungen und hat die Risse geweitet (Quarzkornsprengung i.S. von SCHNÜTGEN & SPÄTH 1983). Die calcimorphen Merkmale, die Schrumpfrisse und der Montmorillonitgehalt zeigen, daß es sich bei der Verwitterung und Bodenbildung um eine Vertisoldynamik handelt, die in edaphisch günstiger Position (Muldentalfüllung) im Quartär ablief.

Während in der Trockensavanne Vertisole weit verbreitet sind (Kap.6.2.3), wird die Bodendynamik in der Feuchtsavanne auf Sedimenten durch die Freisetzung und Oxidation von Eisen bestimmt (Rubefizierung). Auf Ablagerungen, die aufgrund gelegentlich eingebetteter Acheul-Artefakte mindestens mittelpleistozänes Alter haben (CLARK 1980), ist es zudem zur Ausbildung von Ferricrets gekommen. Innerhalb tiefgründig verwitterter Rumpfebenen liegen die artefaktführenden Sedimente nahezu im Niveau des Vorfluters wie bei Nok (FAGG 1972) und bei Zaria (POTOCKI 1974), in stärker abdachenden Rumpfflächen bis 20 m über dem Fluß wie bei Mai-Idon-Toro (BOND 1956) am Ostrand des Jos-Plateaus.

Von den zahlreichen untersuchten Proben in vergleichbarer Reliefposition zeigt Probe 27 (Tafel 4/3) besonders deutlich die Unterschiede zur quartären Verwitterung in der Trockensavanne wie auch zu den Tertiärverwitterungsresten in der Nachbarschaft. Die Ferricret-Probe stammt von der Nordostabdachung des Jos-Plateaus. Dort fallen etwa 1350 mm Niederschlag in einer rund sechs Monate dauernden Regenzeit. Der Ferricret liegt rund 12 m über dem Ribon-Fluß, ca. 955 m ü.d. Meer am westlichen Ortsrand von Maijuju (TK 100, Nr.196) am Nordostrand der Feuchtsavanne (zur Lage s. Fig.18). In seiner morphologischen Position am Talrand ist der Ferricret mit den vorher beschriebenen Sedimenten am Wase-Fluß vergleichbar. Der vermiforme Ferricret besteht aus verkitteten Pisoiden, Glimmer, Feldspat und Quarz (bis 3 mm Durchmesser) und zeigt eine schwache Manganfleckung. Ein Teil der Feldspäte ist entlang von Spaltflächen nur angewittert (Tafel 4/3). Deshalb wird man davon ausgehen können, daß die Ferricretbildung vor allem Folge einer lateralen Eisenzufuhr ist. Der Fe_2O_3-Gehalt ist mit 17 Mol. % (Fig.19) gering verglichen mit den Ferricrets der FVS. Selbst dieser geringe Gehalt ist zum Teil auf den Anteil an umgelagerten Pisolithen zurückzuführen. Die Intensität der chemischen Verwitterung ist somit wesentlich geringer als bei tertiärem Probenmaterial, unterscheidet sich jedoch deutlich von der auf pleistozänen Ablagerungen in der Trockensavanne, in denen calcimorphe Merkmale entwickelt sind.

6.1.4 Verwitterungsdecken als Indikatoren vorzeitlicher Umwelteinflüsse

Durch die Analyse der Verwitterungssubstrate und die Datierung unverwitterter Vulkanitreste ist die Möglichkeit gegeben, die Landschaftsentwicklung als Folge von Umweltveränderungen weit ins Tertiär zurückzuverfolgen und zeitlich festzulegen.
Mit dem Obereozän setzte die differenzierte Hebung des Jos-Plateaus ein (Kapitel 2.2). Durch erste Umlagerungen erfolgte eine Anreicherung von Zinnstein-Seifen in flachen Talformen, die nach Norden entwässerten. Die ehemaligen Entwässerungsbahnen liegen heute am Außenrand des Plateaus in unterschiedlicher Höhenlage, oft hoch über dem umgebenden Flachrelief. Sie sind über gut gerollte Topasschotter, beispielsweise in den Kwandonkaya-Bergen nordöstlich des Plateaus (Karte 1) und über Reste der FVS, wie etwa in den Kagoro-Bergen, dokumentiert. Bereits im Oligozän ist mit einer lokalen Schrägstellung zu rechnen, da die ältere Folge der FVS mit hohem Anteil intermediärer Vulkanite oft eine Winkeldiskordanz zu der jüngeren, durch ilmenithaltige Basalte gekennzeichneten Folge aufweist. Der Teil der älteren Folge, der in orographisch tiefer Position verblieb, erfuhr eine Kaolinisierung und Bleichung im stagnierenden Grundwasser und im Grundwasserschwankungsbereich eine Ferricretbildung in den obersten Zentimetern. In orographisch höherliegenden Positionen erfolgte ebenfalls eine Kaolinisierung, die Fe-Imprägnation reichte jedoch tiefer in das Verwitterungsprofil. Allerdings ist es derzeit noch schwierig, die Ergebnisse nachfolgender Verwitterungsprozesse in den polyzyklisch/polygenetischen Profilen von der Erstprägung zu unterscheiden.
In der jüngeren Folge der FVS, deren ausschließlich mafischen Vulkanite durch ihren Ilmenitgehalt auffallen, liegt in vielen Verwitterungsprofilen eine ausgeprägte Bauxitzone. Die Bauxitzone belegt, daß die Dränagebedingungen besser wurden und daß die Jahresniederschläge hoch waren. Deshalb ist ein Zeitraum mit einem Feuchtklima anzunehmen, das bestenfalls wenige Monate mit deutlich geringeren Niederschlägen aufwies. Es ist weiter davon auszugehen, daß die Hebung des Plateaus anhielt, so daß ein guter Grundwasserabzug gewährleistet war.
Der Zeitabschnitt besonders intensiver Verwitterungsprozesse mit Bauxitbildung und Entstehung ausgeprägter Silikatkarstformen lag vor dem Obermiozän, da auf obermiozänen und jüngeren Basalten kein Bauxit entstand. Er begann wahrscheinlich nach dem Unteroligozän, da unter den ilmenitischen Basalten (K/Ar-Alter des ältesten datierten Vorkommens: 27,0 bis 27,2 +/- 0,2 Ma; Probe IV-18 in Anhang 1/4) kein Bauxit vorkommt. Im Miozän befand sich der meteorologische Äquator und damit die mittlere Position der ITC als Folge einer unipola-

ren Vereisung wahrscheinlich 10 - 12° nördlich des geographischen Äquators (FLOHN 1985,193), das heißt, zwischen Jos-Plateau und Tschad-Becken. Außerdem ist für das Mittelmiozän weltweit eine Bauxitbildung in den Niederen und Mittleren Breiten nachgewiesen (BARDOSSY & ALEVA 1990). Damit können über den globalen Vergleich die regionalen Befunde zusätzlich abgesichert werden.

Die intensive chemische Verwitterung schuf Merkmale in der Verwitterungsdecke, die danach nicht mehr entstanden. Es sind vor allem:

- die teilweise extreme Anreicherung von Eisenoxiden in Ferricrets;
- die hohe Aluminiumoxidanreicherung in einer Bauxitzone zwischen Solum und eigentlichem Saprolit;
- die extreme Korrosion von Primärquarzen in unter- oder zwischenlagernden Sedimenten innerhalb der FVS und in sauren bis intermediären Ausgangsgesteinen;
- die bunte Färbung des Saprolit unterhalb der eigentlichen Fleckenzone.

Auch die intensive Kaolinisierung und Bleichung des Saprolit bei hohem Grundwasserstand scheint nach dem Mittelmiozän nicht mehr erfolgt zu sein. Mit der zeitlichen Festlegung dieser Verwitterungserscheinungen in das Mittelmiozän ist jedoch nur ein Minimalalter von Landoberflächen mit vergleichbaren Verwitterungsprofilen gegeben. Ein höheres Alter ist nicht auszuschließen und vor allem in der Nähe der kreidezeitlichen bis alttertiären Sedimentdecken anzunehmen. So liegt nach WOPFNER (1983b) eine bedeutende Kaolinisierungsphase im Jura.

Von besonderem diagnostischen Wert bei der Anspache alter Landoberflächen scheint die Zone der Bunten Tone zu sein (= "argiles barioleés" der französischsprachigen Literatur; z.B. MICHEL 1973, dort Fig.41). LEPRUN (1979,145) beschreibt die Zone als typisch für sehr mächtige Saprolite. Vor allem hellviolette und blutrote Flecken und Punkte fallen auf. Es ist eine hämatitische Fleckung, bei der die violette Farbe Folge fein verteilter, zoniert angeordneter Hämatitkristallaggregate ist (TORRENT & SCHWERTMANN 1987). Die Entstehungsbedingungen sind noch nicht ganz klar. Möglicherweise erfolgte die Hämatitbildung bei absinkendem Grundwasserspiegel. Darauf deutet die Beobachtung, daß Hämatitagglomerationen sowohl auf Gibbsitkristallen (Mitt. SCHWERTMANN) als auch auf Goethitpalisaden aufsitzen. Die Violettfärbung scheint wohl auch in Saproliten anderer Kontinente auffällig zu sein. So werden in Teilen Indiens Saprolite, die zur Ziegelherstellung Verwendung finden, als "violet rock" bezeichnet (freundl. Mitt. OLLIER).

Da im Jos-Plateau auf oberpliozänen Basalten noch über 10 m mächtige Saprolite entstanden, müssen bis ins Quartär zumindest zeitweise feuchtklimatische Einflüsse wirksam gewesen sein.

Es ist jedoch keine ausgeprägte geochemisch/mineralogische Differenzierung innerhalb der Profile zu beobachten. Profile über Ablagerungen und Basalten aus dem Quartär zeigen Verwitterungsmerkmale, die auf klimatische Veränderungen hindeuten. In der Trockensavanne lief eine Bodenbildungsdynamik ab, die zu einer Anreicherung von Karbonat, lokal auch Gips im Unterboden oder im C_y-Horizont führte. Die Tonmineralneubildung ergab, auch auf sauren Ausgangsgesteinen, vor allem Montmorillonit. Es entstanden Verwitterungsprofile mit calcimorphen Eigenschaften und Vertisoldynamik bei der Bodenbildung. In der Feuchtsavanne dagegen sind Böden auf pleistozänen Ablagerungen vor allem durch Vorgänge der Oxidation und Lessivierung (s.S. 29) gekennzeichnet. Wahrscheinlich in den Warmzeiten entstanden in Hangfußposition Acrisole mit plinthitischem Horizont, der nachfolgend zum Ferricret verändert werden konnte. Beim Vergleich unterschiedlich alter Verwitterungsprofile wird deutlich, daß der Wirkungsgrad chemischer Verwitterung vom Mittelmiozän über das Pliozän zum Quartär deutlich abnahm. Dies ist zum einen darauf zurückzuführen, daß die Niederschläge insgesamt abnahmen, aber auch die Temperaturen, vor allem in den Kaltzeiten, etwas reduziert waren (s. dazu auch BARDOSSY & ALEVA 1990,53). Zum anderen ist damit zu rechnen, daß das Verhältnis Biostasie/Rhexistasie zunehmend zugunsten der Rhexistasie verschoben wurde und damit auch die störungsfreie Verwitterungsdauer abnahm. Darauf deuten die zunehmende vulkanische Aktivität seit dem Miozän und die zunehmende Sedimentationsrate in den Beckensedimenten (Beispiel Tschad-Sedimente, s.S 41). Letztere erreicht vor allem für das Quartär Werte, die sich nicht wesentlich von denen am Ende der Unterkreide unterscheiden. Wenn an manchen Stellen in Abtragungsebenen alte Verwitterungsprofile einschließlich eines reliktischen B-Horizontes erhalten sind und unterschiedlich stark gekappte Saprolitprofile auch ansonsten das Flachrelief großräumig bestimmen, dann wird daraus ersichtlich, daß Ebenheiten auch in abtragungsintensiven Zeiträumen erhalten blieben. Die Untersuchung von Verwitterungsdecken liefert somit nicht nur zahlreiche Informationen über vorzeitliche Umwelteinflüsse, sie erlaubt auch dank der Möglichkeit einer relativen Alterszuordnung Kalkulationen über das unterschiedliche Ausmaß jüngerer Abtragung. Hinweise zu Transport- und Ablagerungsbedingungen bieten die korrelaten Sedimente.

6.2 Quartärablagerungen im Abtragungsflachrelief

Quartärablagerungen sind in Nigeria im Verhältnis zu ihrer weiten Verbreitung (Fig.29) zu wenig untersucht. Solange man davon ausging, daß in den heutigen Tropen keine wesentlichen Unterschiede zu vorzeitlichen Umwelteinwirkungen bestehen, mag der Kenntnismangel nicht als Defizit empfunden worden sein. Seit mindestens 25 Jahren jedoch zeichnet sich immer deutlicher ab, daß dem nicht so ist. Deshalb ist es von grundsätzlicher Bedeutung für das Verständnis der Landschaftsentwicklung in den Tropen, die Quartärablagerungen als

Hauptinformationsquelle für die jüngere Morphodynamik zu untersuchen. Es sind die Korrelate zu den Formungsprozessen, die im Quartär auf den im Tertiär und Mesozoikum saprolitisierten Untergrund einwirkten.

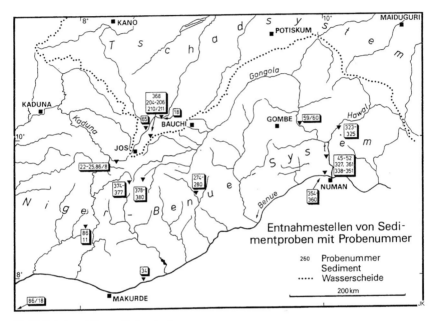

Fig.29: Entnahmestellen von Sedimentproben

Ein Überblick über den Forschungsstand wurde bereits an anderer Stelle gegeben (Kap.5.3; ZEESE 1991b; 1991c). Neuere Ergebnisse stammen von Nordostnigeria (THIEMEYER 1992a; 1992b). Im folgenden werden anhand weniger Beispiele die Unterschiede zwischen holozänen und älteren Ablagerungen erläutert und auf ihren paläoklimatischen Aussagewert überprüft.

6.2.1 Das holozäne Vergleichsmaterial

Rezente Ablagerungen können in der Trockenzeit aus den Flußbetten entnommen werden und stehen deshalb nahezu unbegrenzt zur Verfügung. Von Fließgewässern angeschnitten oder beim Straßenbau aufgeschlossen finden sich ebenfalls weit verbreitet Ablagerungen, die nach der Höhenlage, der sehr geringen Bodenbildung oder durch datierbare organische Bestandteile ins Holozän gestellt werden können. Untersucht wurden Beispiele aus weit voneinander entfernten Stellen, um Vergleichswerte zu morphostratigraphisch älterem Material zu erhalten.

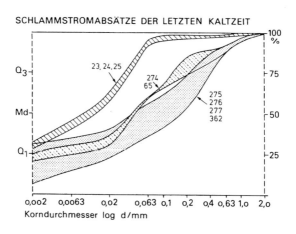

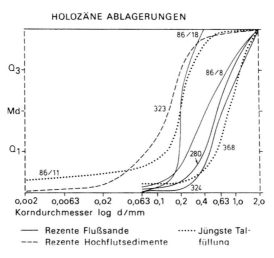

Fig.30: Korngrößensummenkurven holozäner Ablagerungen und jungpleistozäner Schlammstromabsätze

Bei den rezenten Flußablagerungen handelt es sich um gut sortiertes Material (Fig.30). Die Sandfraktion enthält viel Glimmer sowie frische bis angewitterte Feldspäte und - untergeordnet - umgelagerte Pisolithe. Das Schwermineralspektrum (Anhang Tab.3) ist in den meisten Proben bunt und weist einen hohen Anteil leicht verwitterbarer Komponenten auf, von denen Augite und braune Hornblende sowie am Wase-Fluß der Olivin aus dem Zerfall vulkanischer Gesteine stammen. Die Probe 86/8 vom N'Gell-Fluß weicht wegen des sehr hohen Topasgehaltes davon ab. Der Anteil opaker Bestandteile ist zum Teil sehr gering wie am Delimi (Probe 18), am Benue (Probe 34) und am Niger (86/18). Lediglich am N'Gell-Fluß liegt mit fast 300 opaken auf 100 bestimmbare Körner ein ungewöhnlich hoher Wert vor. Die Tonminerale setzen sich aus unterschiedlich hohen Anteilen der Kaolinit- und Illit/Feinglimmergruppe zusammen, zu der sich in der Trockensavanne ein geringer Montmorillonitanteil gesellt. In den Hochflutabsätzen am Flußbettrand sind Glimmer massiert abgelagert und deutlich eingeregelt worden.

Die gute Sortierung resultiert aus der langanhaltend hohen Wasserführung der Flüsse während der Regenzeit. Aus dem hohen Anteil unverwitterter Feldspäte, Augite und bei manchen Proben Olivine ist zu schließen, daß ein erheblicher Anteil des Materials nicht von den lehmig zersetzten Verwitterungsdecken kommt, sondern durch Gesteinszerfall geliefert wurde. Aus den Verwitterungsdecken stammen die Konkretionen und ein Teil des Quarzes in der Sand- und Kiesfraktion sowie der Kaolinitanteil in den Ablagerungen der Trockensavanne. Die vom allgemeinen Trend abweichenden Werte am N'Gell-Fluß (Nordwestfuß des Jos-Plateaus) zeigen, daß der Fluß im Jos-Plateau die topasreichen Sedimente aufnimmt, die beim Zinnwaschen anfallen.

Ebenfalls zum Vergleich wurden wenige Proben aus Sedimentkörpern entnommen, die vom Hochwasser nicht mehr erreicht werden können und in denen in der Feuchtsavanne mit der Entwicklung eines Cambisol oder Luvisol bereits eine Bodenbildung eingesetzt hat (Proben 86/11 und 368 in Fig.30). Aufgrund ihrer morphologischen Lage und der, verglichen mit kaltzeitlichen Sedimenten, schwächeren Bodenbildung (s.u.) werden sie ins Holozän gestellt. Sie können eine deutliche Schrägschichtung aufweisen. Sortierung (Fig.30), Feldspatgehalt, Schwermineralspektrum und Tonmineralzusammensetzung der Sande unterhalb des Bodenprofils zeigen keine signifikanten Unterschiede zu rezentem Material. Daneben treten als Talfüllungen tonreiche Feinsedimente auf. Eine Holzkohleprobe aus 450 cm Tiefe von einem Sedimentkörper im Jos-Plateau (r:ca 8° 49'; h: ca 9° 55') ergab ein C-14-Alter von rund 3,5 ka (Anhang Tab.2). was auf eine Störung des Landschaftshaushaltes durch den Menschen der frühen Nok-Kultur hindeutet.

Noch ist völlig unklar, inwieweit im Holozän die Bildung von Gullies wie auch die Entstehung von Sedimentkörpern klimatisch oder anthropogen gesteuert wurde. Manches spricht dafür, daß der Einfluß des Menschen zumindest verstärkend wirksam war. Die begrabenen Figurinen der Nok-Kultur lassen den hilflosen Versuch der Ackerbauern erkennen, ihre Fluren vor

Hochwasserkatastrophen durch das Aufstellen schützender Gottheiten zu bewahren. Die Untersuchungen von BRUNK et al. (1991), BRUNK (1992) und HEINRICH (1992a; 1992b) machen wahrscheinlich, daß im Gongola-Becken der hohe Holzkohlebedarf mit Einsetzen der Eisenherstellung katastrophale Störungen des Ökosystems mit lokal wohl vollständiger Abspülung der Bodendecke hatte. Die über kurze Distanz durch Starkregen verfrachteten Bodensedimente sind schlecht sortierte sandige bis sandig-kiesige Lehme. Sie ähneln im Korngrößenspektrum Ablagerungen, die unter andesgearteten Klimabedingungen in den Kaltzeiten entstanden. Erkennen lassen sie sich im Gelände durch die nahezu fehlende Bodenbildung und durch den sehr geringen Verwitterungsgrad.

6.2.2 Ablagerungen aus der letzten Kaltzeit

Von den holozänen Ablagerungen unterscheiden sich klastische Sedimentkörper entlang der Flüsse, die bis 15 m mächtig sein können. Sie sind weit verbreitet und lassen sich bis zum Fuß von Stufen und Bergländern verfolgen, wo sie als Schwemmfächer ansetzen. Das konventionelle C-14-Alter organischen Materials von der Basis eines solchen Schwemmfächers unterhalb des Ngell-Wasserfalls am Westrand des Jos-Platcaus (Probe 22, Tafel 7/1) liegt bei etwa 18 370 +/- 1 175 J.v. 1950 (Probe N 22, Anhang Tab.2). Es ist wahrscheinlich, daß Ablagerungen in vergleichbarer morphologischer Position und mit ähnlichen Sedimentcharakteristiken ebenfalls aus dem Jungpleistozän stammen. Ihr Aufbau soll am Beispiel des an der Basis mit 18 370 +/- 1 175 J.v. 1950 datierten Aufschlusses am Fuß des Ngell-Wasserfalles (Proben 22-25; Tafel 7/1; Fig.31) erläutert und durch Untersuchungsergebnisse von anderen Proben vergleichbarer topographischer oder stratigraphischer Position ergänzt werden. Der Ngell-Fluß entwässert einen Teil des nordwestlichen Jos-Plateaus zum Kaduna. In seinem Einzugsgebiet sind mit Metamorphiten, Älteren Graniten und "Jüngeren Graniten" sowie Basalten unterschiedlichen Alters die meisten das Jos-Plateau aufbauenden Gesteine repräsentiert. Der Fluß verläßt das Plateau mit einer Wasserfallstrecke über eine schwach zertalte Steilstufe in Älteren Graniten. Am Fuß des Wasserfalles eröffnet am Nordufer des Flusses ein ca. 12 m hoher Prallhang einen Einblick in den letztkaltzeitlichen Schwemmfächer (Fig.31). An der Basis liegen Buntschotter bis Blockgröße. Sie sind auch in anderen Aufschlüssen festzustellen, sofern leicht verwitterbares Gestein in nicht allzu großer Entfernung (bis wenige Kilometer) ansteht. Darüber folgt - ebenfalls wie in mehreren anderen Aufschlüssen - ein grobschluffreiches Feinsediment (Fig.31; Probe 22) mit im Dünnschliff erkennbarem laminarem Schichtungsgefüge. In der Sandfraktion der Probe 22, die viel organogenen Detritus enthält, sind neben Quarz und etwa 40% Feldspat auch Glimmer und dunkle Gemengteile enthalten. Der Zirkonanteil im Schwermineralspektrum ist sehr hoch, andere untersuchte Grobschlufflagen weisen ein buntes Spektrum auf (ZEESE 1991c).

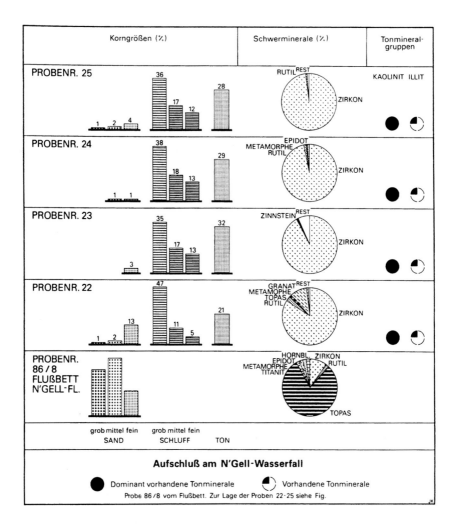

Fig.31: Nach den Analyseergebnissen handelt es sich um gut sortierte rezente Flußsande (86/8), letztkaltzeitliche verspülte Staubablagerungen (22) und staubreiche Schlammstromabsätze (23-25). Der Vergleich der Schwermineralspektren läßt erkennen, daß die letztkaltzeitlichen Ablagerungen nicht vom Oberlauf des N'Gell-Flusses, sondern vom Rand der Steilstufe des Jos-Plateaus (v.a. Ältere Granite) stammen.

Den Hauptanteil der jungpleistozänen Sedimente bilden in vielen Aufschlüssen Wechsellagen von tonig-lehmigen und lehmig-kiesigen bis grobkiesigen kaum sortierten Ablagerungen, die am Ngell-Fluß einen recht hohen Grobschluffanteil von rund 35% aufweisen (Fig.31). In der Sandfraktion tritt am N'Gell-Fluß mit Quarz, deutlichen Feldspatanteilen und Glimmer als Schwermineral fast nur Zirkon auf, Topas und Hornblende fehlen, obwohl sie sich in den Flußsanden finden lassen (Probe 86/8) und der Topas dort dominiert (Fig.31).
Feldspäte in den Sedimenten sind angewittert (Tafel 6/1). Nach Dünnschliff-Befunden sind Fe-Verbindungen wolkig verteilt oder als schmale Auflagen von Eisen/Tonkomplexen in länglichen Grobporen sowie als dunkelbraune Eisenoxidauflagen auf angewitterten Biotiten differenziert.

Die Buntschotter an der Basis sind als Indikatoren einer Eintiefungsphase zu werten, da sie teils dem frischen Gestein, teils dem Saprolit aufliegen und nur eine geringe Mächtigkeit aufweisen. Für die Eintiefung wird eine kräftige Wasserführung benötigt. Der durch die Buntschotter dokumentierte Zeitabschnitt der Taleintiefung muß vor dem Hochglazial liegen, aus dem die datierten organischen Reste stammen. Ein kühl-feuchtesn Klima, das hygrische Schwankungen aufwies, ist für die Zeit zwischen 40 ka und 20 ka im Tschadbecken nachgewiesen ist (Kap.5.3).

Die gut sortierten Grobschluffe (Probe 22, Fig.31) werden als Schwemmlöß interpretiert und nach der C-14-Datierung in den trocken-kühlen Klimaabschnitt des Hochglazials gestellt. Die Korngrößenverteilung ist nahezu identisch mit der ektropischer Lösse(ZEESE 1991c), der beigemengte organische Detritus, die Sandanteile und die laminierte Schichtung weisen auf eine Umlagerung im Wasser oder eine Ablagerung im stehenden Wasser. Eine Abspülung der Staubsedimente durch heftige Regen erscheint bei der guten Sortierung als unwahrscheinlich. Die Staubsedimente wurden entweder infolge leichter Niederschläge verspült, die für monsunale Regen atypisch sind, oder sie wurden im Stillwasser absedimentiert. Bei den darüberliegenden, am N'Gell-Fluß ebenfalls grobschluffreichen Ablagerungen (Proben 23-25, Fig.31; s.a. Fig.30) sprechen Tonanteile, schlechte Sortierung und schlechte bis fehlende Schichtungsgefüge für Schlammstromabsätze oder zumindest für Aufschüttungen kurzfristig wirksamer suspensionsreicher Hochwasserspitzen (siehe dazu GASCOYNE 1978, 489; FRIEDMAN & SANDERS 1978, 208; THOMAS 1983, 208).

Auffällig ist am N'Gell-Fluß im Vergleich mit den rezenten Flußsanden der große Unterschied in der Schwermineralführung, die mit der Zirkondominanz auf die Älteren Granite als Liefergebiet hinweist. Das Material des Schwemmfächers kann deshalb nicht vom Oberlauf des Ngell-Flusses stammen, sondern vom Stufenrand aus Älteren Graniten. Als Lieferant ist ein den Stufenrand entlang fließendes Gewässer anzunehmen. Aus den Hydromorphie- und Lessivierungsmerkmalen ist auf eine mehrphasige Sedimentation mit zeitweiliger schwacher Bodenbildung zu schließen.

Am Ngell-Fluß kam es nach der Aufschüttung der sehr schlecht sortierten jungpleistozänen Ablagerungen zu einer Zertalung, die mindestens 5 m tief die Sedimente wieder ausräumte (Tafel 7/1). Danach erfolgte auf dem verbleibenden Material die Entwicklung eines rubefizierten Bodens mit einer Profiltiefe von maximal 3 m und anschließend eine geringmächtige Auflage eines gelbbraunen Lehmes. Es ist anzunehmen, daß die Rubefizierung im feucht-warmen Klimaoptimum des Holozäns erfolgte, als periodische monsunale Niederschläge bis in die Sahara wirksam waren (Kap.5.3). Sie bewirkten einen für die Bodenbildung ausreichend langen Zeitraum der Biostasie. Für die Zeitabschnitte des Hoch- und Spätglazials dagegen ist mit einem Überwiegen der Rhexistasie zu rechnen. Berücksichtigt man, daß auch die bedeutendste, durch Buntschotter belegte Taleintiefungsphase ebenfalls in der Kaltzeit lag, dann wird klar, daß damals die Morphodynamik weit effektiver war als im Holozän.

6.2.3 Sonstige Pleistozänablagerungen

Neben den jungpleistozänen Sedimenten, deren Basis die Position der letzten Erosionsphase oft erreicht hat, finden sich flußbegleitende, stärker verwitterte Ablagerungen, deren Auflagerungsbasis deutlich höher als das rezente Gerinne liegen kann. Wenige relative Alterszuordnungen gelangen durch Funde von Acheul-Artefakten, die älter als Jungpleistozän sind (s.S. 41). Dabei zeigte sich, daß in sehr gering abdachenden Landoberflächen solche mindestens mittelpleistozänen Sedimentkörper mit ihrer Basis im Niveau des Flusses liegen, sich durch ihren höheren Verwitterungsgrad und die häufig entwickelten Ferricrets jedoch von jungpleistozänen Ablagerungen unterscheiden (POTOCKI 1974). Deshalb werden, solange es keine Argumente gegen diese Vorgehensweise gibt, stärker verwitterte Sedimente älter als Jungpleistozän eingestuft, vor allem, wenn sie deutlich über dem Fluß liegen.

Auch läßt sich beobachten, daß -ähnlich einer Terrassentreppe- eine Ferricretabfolge den Fluß begleitet, die am Talhang bis zur Zwischentalscheide heraufreicht, wobei der höchste Ferricret oft in Reliefumkehr als Tafelberg die Umgebung überragt. Dabei können die Höhenunterschiede zwischen den heutigen Gerinne und dem höchsten Ferricret 100 und mehr Meter ausmachen. Da die Voraussetzungen für die Fe-Anreicherung als Vorbedingung der Ferricretbildung eine morphologisch tiefe Position erfordern, können flußbegleitende Ferricretkanten in unterschiedlicher Höhenlage nicht zeitgleich entstanden sein. Das heißt: Auch wenn eine befriedigende Alterszuordnung von Quartärsedimenten im Abtragungsflachrelief Zentral- und Nordostnigerias nur gelegentlich gelingt, muß davon ausgegangen werden, daß ältere als jungpleistozäne Sedimentreste vorkommen und vor allem dann erhalten sind, wenn eine Fe-Verkittung die Abtragung verhindert hat. Daneben werden durch Straßen- und Bahntrassen immer wieder Flußablagerungen aufgeschlossen, die so hoch über den Gerinnen liegen, daß ein jungpleistozänes oder gar holozänes Alter auszuschließen ist.

Ablagerungen am Mongu-Fluß

Vom Mongu-Fluß, der an der Nordostabdachung des Jos-Plateaus einen Rampenanstieg durchfließt, wurde eine Sedimentabfolge beschrieben, die aus mindestens zwei unterschiedlichen Sedimentkörpern besteht (ZEESE 1991b). Schlecht sortierte, wenig verwitterte und feldspatreiche Schlammstromabsätze, die fast nur Zirkon und Rutil als Schwerminerale enthalten, werden von einem gut sortierten, stark verwitterten und feldspatarmen Sand überlagert, der viel Eisenkonkretionen und neben Zirkon, Rutil und Turmalin auch Monazit enthält. Verwitterungsintensität und mit rund 5 m deutlich über dem heutigen Fluß liegende Auflagerungsbasis machen ein mittelpleistozänes Mindestalter der Sedimente wahrscheinlich. Über den Schwermineralgehalt können Lokalmaterial (Schlammstromabsätze) und Fernmaterial (gut sortierte Sande) voneinander getrennt werden. Der Aufschluß belegt, daß eine Sedimentationsphase mit Nahtransport von einer Sedimentlieferung durch Ferntransport abgelöst wurde. Die unterschiedliche Sortierung läßt sich auf unterschiedliche Transportmechanismen zurückführen, die am ehesten durch paläoklimatische Veränderungen erklärt werden können. Vor und nach der Aufschüttung ist eine Taleintiefung anzunehmen, da der Sedimentkörper tiefer liegt als die Zwischentalscheide, und die heutige Talsohle tiefer liegt als die Auflagerungsbasis der Sedimente. Zieht man noch die kräftige postsedimentäre Verwitterung in Betracht, dann wird auch an dieser Stelle deutlich, daß ein Wechsel von Aufschüttung, Bodenbildung und Taleintiefung erfolgte (ZEESE 1983,; 1991b; 1991c). Um das Bild abzurunden, soll aus der Feuchtsavanne ein weiteres Beispiel dargestellt werden.

Hangfußsedimente in den Kwandonkaya-Bergen

Nordöstlich des Jos-Plateaus bilden jurassische Granitintrusionen die Kwandonkaya-Berge, die ihre Umgebung bis maximal 500 m überragen (Karte 1). Sie werden von einer SSW-NNE verlaufenden steilwandigen Talung gequert. Von ihrer rezent zerschnittenen Sohle steigt ein fast vollständig von Lockermaterial bedeckter Flachhang auf nahezu 930 m ü. d. Meer an, wo er in einem Bereich riesiger Wollsackformen an den steilen Felshang grenzt. Eine Talwasserscheide liegt etwa in der Mitte der Talung im Niveau des scharfen Hangknickes zwischen Fels-Steilhang und regolithbedecktem Flachhang. Das ausstreichende Grundgebirge besteht aus grobkristallinem Biotit-Granit ("Jüngere Granite"; Geol. Karte Nigeria 100, Bl. 148 Toro) und Doleritgängen.

SSW der Talwasserscheide liegen mehrere Zinngruben nahe am Fels-Steilhang und etwa 15-20 m über der letztkaltzeitlichen Talfüllung. Die Lockermaterialdecke ist zwischen 350 cm und 500 cm mächtig und umschließt an der Basis oft Wollsäcke. Über dem vergrusten Granit sind häufig gut gerundete Topas- und Quarzgerölle festzustellen. Ein plinthitischer Acrisol ist mit einer maximalen Profiltiefe von 300 cm erhalten. Aus dem Auftreten von Geröllen ist bereits ersichtlich, daß es sich nicht um in situ-Material handelt. Von dem schlecht sortierten Sediment (S_0: 3,9 - 5,6) wurden drei Proben untersucht (Proben 204-206; zur Lage s.Karte 1) In der Sandfraktion dominieren Feldspäte; Quarze sind zweithäufigster Bestandteil. Die Sande sind von einer kaolinitischen Matrix umgeben. In den REM-Bildern sind nebeneinander kantige bis gerundete, relativ frische Quarze sowie stark angegriffene Albite und Kalifeldspäte (Tafel 6/2) zu sehen. Daneben treten Quarze auf, die deutliche Lösungskavernen (Tafel 6/3) und andere Ätzspuren (Tafel 6/4) zeigen. Die Quarze weisen auch oft deutliche Überzüge aus Al/Si-Verbindungen und sekundäre Quarzneubildungen auf.

Das Umlagerungsprodukt ist deutlich stärker verwittert als Ablagerungen aus dem letzten Hochglazial. Die Feldspäte sind jedoch nicht extrem angegriffen. Die gerundeten Sandkörner und Gerölle verweisen auf Flußtransport. Das Sediment ist ein Gemisch aus umgelagertem fluviatilen Material (Topas- und Quarzschotter) mit stärker verwitterten Komponenten (kavernöse gerundete Quarze) und frischem Material, das von den Felshängen heruntergespült wurde und danach verwitterte (frische Quarze, verwitterte Feldspäte). Nach morphologischer Lage und pedogener Überprägung ist das Sediment älter als Jungpleistozän. Die jungpleistozäne Sedimentfolge ist in dem die Talung entwässernden Gully in einer Mächtigkeit von über 8 aufgeschlossen. Aus der Verteilung der Ablagerungen ergibt sich, daß der Verwitterungsmantel in der Talung nicht flächenhaft tiefergelegt wurde. Es erfolgte eine Taleintiefung, die wenigstens zweimal von Aufschüttung unterbrochen wurde.

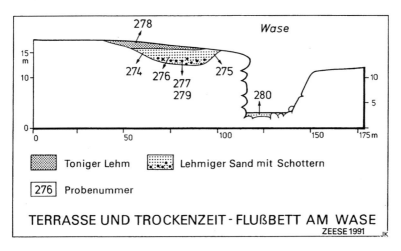

Fig.32: Terrasse am Wase; Probenentnahmestellen

Die Aufschlüsse am Mongu-Fluß und in den Kwandonkaya-Bergen liegen am Nordrand der Feuchtsavanne. Hier ist die Regenzeit zwar etwa gleich lang wie in der Trockensavanne südöstlich des Jos-Plateaus, die Niederschlagsmenge ist im Südosten jedoch um rund ein Drittel geringer (Fig.9). Ein Vergleich mit Quartärablagerungen aus diesem Teilraum bietet sich deshalb an.

Terrasse am Wase-Fluß

Auf die Verwitterung einer rund 8 - 12 m über dem Wase aufgeschlossenen Talfüllung (Tafel 7/2, Fig.32) wurde bereits eingegangen (Kap.6.1.3.2).

Der Aufschluß läßt sich zweigliedern. Etwa 350 cm lehmig-kiesige Sande mit schlecht gerundeten Buntschottern, die an der Basis Blockgröße erreichen, werden überlagert von maximal 150 cm Lehm ohne Grobkomponenten.

Der Feinmaterialanteil in den kiesigen Sanden (Proben 274-277) ist sehr schlecht sortiert (Fig.30; S_0:4; Fig.33). Eine deutlich erhöhte Grobschluffkomponente hat lediglich Probe 274 vom ehemaligen Flußbettrand. In der Sandfraktion der Proben sind helle Glimmer enthalten, der Feldspatanteil kann mehr als die Hälfte ausmachen. Im Schwermineralspektrum dominieren mäßig stabile bis instabile Komponenten. Bei den Tonmineralen überwiegt Montmorillonit, daneben tritt die Illit/Feinglimmergruppe und etwas Kaolinit auf.

Die gelbbraune Lehmauflage (Probe 278) auf dem sandig-lehmigen Schotter ist nach den Untersuchungsbefunden nicht stärker verwittert als die Unterlage. Die Sortierung ist schlecht (S_0: 4,4).

Auch die Terrassenablagerungen am Wase-Fluß gehen auf suspensionsreiche Materialverfrachtung zurück. Die Überprägung durch chemische Verwitterung hat deutliche calcimorphe Merkmale hervorgerufen (Kalkknauern, hoher Montmorillonitanteil). Die Verwitterung kann jedoch nach den Analysewerten nicht die Lehmauflage bewirkt haben.

Die Lehmauflage zeigt im Vergleich zu den unterlagernden Flußablagerungen neben den fehlenden Grobmaterialkomponenten lediglich im Schwermineralspektrum eine Umkehr des Granat/Hornblende-Verhältnisses. Die Unterschiede lassen sich am ehesten dadurch erklären, daß gegen Ende der Aufschüttungsphase nur noch feinkörniges Material ins Flußbett gelangte, was auf ein Nachlassen der Transportkraft hindeutet.

Es fällt auf, daß in den Proben aus dem heutigen Flußbett, aus den Grobsedimenten und aus der Lehmauflage der Terrasse im Schwermineralspektrum neben den instabilen Augiten und Hornblenden selbst Olivine vorkommen. Letzteres spricht für eine schwache chemische Verwitterung.

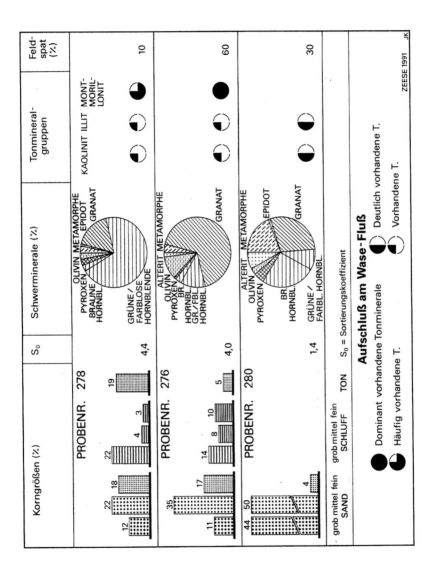

Fig.33: Gut sortierte rezente Flußsande (280), schlecht sortierte kaltzeitliche Flußablagerungen (276) und Abspüllehme (278). Relativ hoher Anteil instabiler bis sehr instabiler Schwermineralkomponenten auch in den durch calcimorphe Bodendynamik überprägten Terrassensedimenten unterstreicht das geringe Ausmaß der chemischen Verwitterung in der Trockensavanne.

Ablagerungen am Ostfuß des Longuda-Plateaus

Der Untergrund zwischen Longuda-Plateau und Gongola-Fluß besteht aus kreidezeitlichen Tonsteinen, Schiefertonen, Sandsteinen und Kalksteinen, die auch am Unterhang der zum Plateau führenden Stufe anstehen (Fig.34). Im Longuda-Plateau lagern auf der Kreide bis über 300 m mächtige Olivin-Basalte, die petrographisch den im Pliozän geförderten Olivin-Basalten des Biu-Plateaus (GRANT et al. 1972) nahestehen. Deshalb ist ein pliozänes Alter wahrscheinlich.

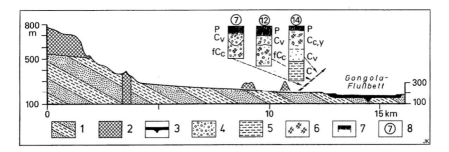

Fig.34: Fußfläche vor Basaltstufe mit flacherem sedimentüberdecktem (Schuttstromablagerungen, s. Fig.35, Fig.38) distalem und weitgehend sedimentfreiem steilerem proximalem Teil. Im Profil sind nur die durch Aufschlüsse nachgewiesenen Grobschotter eingetragen.
Legende: 1=Sedimentgesteine der Kreide, Einfallen und Schichtmächtigkeiten schematisiert; 2=Basalt; 3= Lockersedimente der Hochflutebene; 4=sandig-kiesige Fußflächenablagerungen; 5=Siltstein der Oberkreide; 6=Calciumkarbonatanreicherung; 7=P-Horizont; 8=Probenummer

Beim Straßenbau entstanden nördlich von Numan zahlreiche Aufschlüsse (Fig.35), die beprobt wurden. Die Entnahmestellen der Proben sind in Tafel 7/3 eingetragen. Vier der Gruben (Fig.35/9, 18-20) liegen am Rand kleiner Tälchen mehrere Meter tiefer als die Aufschlüsse in der Fußfläche. Sie sind deshalb in Fig.35 nach unten versetzt dargestellt.

In den Profilen am Rand der Tälchen folgt in Fig.35/18-20 unter dem P-Horizont eines Vertisols gelbbraunes toniges bis tonig-lehmiges Substrat mit gelegentlichen Feinkiesbändern und Karbonatausscheidungen. Unter dem tonreichen gelbbraunen Feinmaterial, in Fig.35/9 unter dem Vertisol, liegen verlehmte Schotter, deren Auflagerungsfläche nicht aufgeschlossen ist. Teils sind es relativ kleine Gerölle in der Kiesfraktion (Fig.35/18), vor allem jedoch Grobschotter bis Blockgröße. Die Ablagerungen im Talniveau sind am Außenrand der Fußfläche durch karbonatisches Zement meist nagelfluhartig verfestigt.

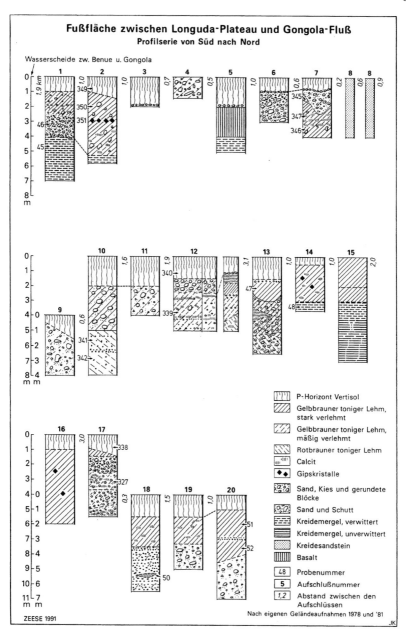

Fig.35: Verwitterungsprofile überwiegend auf Fußflächenablagerungen (zur Lage s. Tafel 7/3. Durch Diskordanzen und Reliktböden ist ein mehrfacher Wechsel von Abtragung mit Rinnenbildung, Aufschüttung von Schuttstromabsätzen und Bodenbildung (überwiegend calcimorph) nachweisbar (zur Lage s. Tafel 7/3).

Während die beschriebenen Aufschlüsse nahezu im Niveau der vom Plateaurand herunterführenden, in die Fußfläche eingetieften Tälchen liegen, befinden sich die anderen Aufschlüsse im Niveau der Fußfläche. Wenige Gruben erschließen das anstehende Gestein. Es sind verwitterte Sandsteine (Fig.35/8) sowie Mergel (Fig.35/14-16) der Kreide oder Basalt (Fig.35/5). Auf Basalt und Mergel ist ein Vertisol mit einem bis über 100 cm mächtigen P-Horizont ausgebildet. Unter dem P-Horizont folgt auf dem Mergel ein bis 4 m mächtiger lehmiger Ton, in dem idiomorphe Gipskristalle bis 5 mm Größe auftreten können (C_y-Horizont; Fig.35/14, /16). Erst darunter (Fig.35/15) zeichnet sich das Primärgefüge des verwitterten Gesteins ab. Der Übergang zu frischen plattigen Tonsteinen zeigt wollsackartige Formen (Fig.35/15).

In den meisten Gruben im Niveau der Fußfläche, deren Oberfläche etwa 5-8 m über den Gerinnebetten liegt, finden sich Ablagerungen über den verwitterten kreidezeitlichen Sedimentgesteinen. Ausnahmslos ist über dem Sediment der P-Horizont eines Vertisols ausgebildet worden. Der Vertisol ist erkennbar durch seine dunkle Färbung, den hohen Tonanteil von 50 bis 60 % in der Feinerde, wobei der Montmorillonit dominiert, sowie durch charakteristische Schrumpfrisse in der Trockenzeit. Der HCl-lösliche Anteil schwankt zwischen 12 und 14%.

Die Untergrenze des P-Horizontes wird in mehreren Aufschlüssen (Fig.35/7, /12, /13) durch eine Steinlage markiert. In ihr treten verstärkt Quarzgerölle neben unterschiedlich gerundeten Basalt- und Sandsteinblöcken in lockerer Anordnung auf. Die Entmischung in einen skelettfreien P-Horizont und eine darunterliegende Steinsohle mit Anreicherung verwitterungsresistenter Gesteine sind typische Folgen der Peloturbation bei der Vertisoldynamik.

Die Sedimente lassen sich durch Abtragungsdiskordanzen gliedern (Fig.35/7, /9, /10, /12, /13, /17), denn in vielen Aufschlüssen ist zu beobachten, daß schotterarme bis schotterfreie Tonlagen mit Feinkies- und Blockschotterbändern unterschiedlicher Färbungen wechseln (Fig.35/10, /12, /13).

Das Korngrößenspektrum der Gerölle variiert stark in allen Schotterlagen. Die Grobkomponente besteht vor allem aus teils massigen, teils kavernösen Basalten sowie aus Kreidesandsteinen, Kreidesiltsteinen und vereinzelten Quarzgeröllen. Die Matrix ist montmorillonitreich, Kaolinit ist in unterschiedlichen Anteilen ebenfalls vertreten. Nur wenige Proben (Probe 47, Fig.35/13; Probe 339, Fig.35/12) bieten ein Schwermineralspektrum mit hohem Anteil instabiler Komponenten, vor allem Pyroxen; die anderen Spektren sind verarmt (Anhang Tab.3).

Auffällig sind mehrere Horizonte mit Sulfat- und Karbonatanreicherung. Der Anteil HCl-löslicher Bestandteile schwankt dann zwischen 33 und 50%. Calciumkarbonat tritt nur gelegentlich in Knollen auf, ansonsten ist es im Anreicherungshorizont fein verteilt. Grobmaterialkomponenten treten im Anreicherungshorizont stark zurück.

In drei Aufschlüssen (Fig.35/10, /12, /13) ist ein unterster Schotterkörper durch eine Redoxfleckung gekennzeichnet. Im Dünnschliff (Tafel 4/4) zeigt sich, daß auch hier verwitterte Basalte und Siltsteine die Grobkomponente ausmachen und es sich deshalb nicht um anstehende verwitterte Kreidekonglomerate handelt. Trotz des Basaltanteiles, der an seinem Reliktgefüge zu erkennen ist, führt das Schwermineralspektrum nur stabile Komponenten (Zirkon, Chromit und Rutil). Obwohl der HCl-lösliche Anteil der Probe lediglich bei 11-14% liegt, sind im Dünnschliff in den Poren Calcitfüllungen erkennbar. Die Befunde deuten auf eine wechselvolle Entwicklung von Sedimentation, Bodenbildung unter hydromorphen Bedingungen und anschließender Aufkalkung nach Überschüttung mit jüngeren Sedimenten. Materialzusammensetzung, Lagerung und äußerst schlechte Sortierung sprechen dafür, daß sich die Grobschotterlagen der Fußflächensedimente aus Schuttströmen vom Hang des Longuda-Plateaus herleiten, die über die Fußfläche bewegt wurden. Die Lehme sind, sofern noch vereinzelte Blöcke vorkommen, als Verwitterungsprodukte anzusehen, die aus den Grobsedimenten hervorgegangen sind. Durch eine Steinlage wird vor allem an der Basis des P-Horizontes eine Anreicherung verwitterungsresistenter Komponenten der durch Bodenbildung überprägten Sedimente angezeigt. Völlig schuttfreie, gelegentlich von feinsandig-kiesigen Linsen unterbrochene Lehme mit hohem Anteil instabiler Schwerminerale dagegen sind Abspülsedimente und vergleichbar mit der Lehmauflage in dem bereits beschriebenen Aufschluß am Wase-Fluß. Die Rinnen lassen erkennen, daß lineare Ausräumungs- und flächige Aufschüttungsphasen miteinander abwechselten.

Die Vertisolbildung, die Sulfat- und Karbonatanreicherung wie auch die Verarmung der Schwermineralspektren und der hohe Montmorillonitanteil sind auf eine bedeutende calcimorphe Bodendynamik zurückzuführen. Die dafür notwendigen edaphoklimatischen Bedingungen sind gegenwärtig zumindest für die Vertisolbildung gegeben, wie der mächtig entwickelten A_h-Horizont belegt. Die Redoxfärbung an der Basis erfolgte allerdings bei einer Pseudovergleyung, die mehr Feuchtigkeit verlangt als die Calcitausfällung, die in den Porenräumen ablief. Deshalb wird dieser Profilabschnitt als Rest eines hydromorphen Paläobodens gedeutet, der unter feuchteren Standortbedingungen gebildet wurde als die calcimorphen Böden darüber, von Sedimenten überdeckt wurde und nachfolgend eine sekundäre Aufkalkung erfuhr (Calciumkarbonat als Porenfüllung).

Auch an anderen Stellen ändert sich in der Trockensavanne der Verwitterungsgrad, manchmal auch der Sedimentcharakter an der Basis gestapelter Ablagerungen. Auffällig ist unter anderem der Wechsel in der Tonmineralgarnitur von Kaolinit/Smectitgruppen zu reinen Kaoliniten, der in einem vom Verfasser untersuchten Aufschluß (Kiesgrube Zuckerfabrik Savanna Sugar am Benue bei Numan) mit dem Auftreten gut gerundeter Quarzrestschotter verbunden ist. Über solche Quarzrestschotter berichteten vom Benue und seinen Nebenflüssen bisher lediglich HILL & WOOD (1975). Unklar ist die Altersstellung dieser Restschotter in kaolinitischer Matrix.

Die untersuchten Sedimente belegen für den Außenrand der Fußfläche zwischen Longuda-Plateau und Gongola-Fluß den Wechsel klimatisch gesteuerter Zerschneidungs-, Bodenbildungs- und Aufschüttungsphasen. Der Abtransport grobblockigen Materials vom Hang des Longuda-

Plateaus lief wahrscheinlich unter vergleichbaren Klimabedingungen ab, die an anderen Stellen für eine Schlammstromlieferung sorgten.

6.2.4 Ablagerungen als Indikatoren quartärer Klimaschwankungen in Nigeria

Die quartären Klimaschwankungen waren in Nigeria stark genug, um Veränderungen im geomorphologischen Formungsstil hervorzurufen. Für das Jungquartär lassen sich Wechsel von Taleintiefung, Talverschüttung und Bodenbildung belegen. Daraus ist auf einen phasenhaften Ablauf von aktiver subaerischer Morphodynamik (Rhexistasie) und weitgehender Formungsruhe (Biostasie) zu schließen. Aus Klimaschwankungen resultierende Veränderungen der Vegetationsbedeckung sind für Nachbarräume bereits nachgewiesen worden (Kap.5.3). In den Ablagerungen sind in Nigeria keine augenfälligen Unterschiede zwischen Bildungen der Feuchtsavanne und der Trockensavanne festzustellen, Blocklagen finden sich bei entsprechenden Substraten auch in der Feuchtsavanne.

Bodentypologische Unterschiede jedoch treten bereits auf holozänen, noch deutlicher auf pleistozänen Sedimenten auf. In der Trockensavanne führte eine calcimorphe Bodendynamik bis zur Ausbildung von Vertisolen. In der Feuchtsavanne erfolgte auf holozänen Ablagerungen eine Bildung von Cambisolen und Luvisolen, auf jungpleistozänen Ablagerungen eine Rubefizierung. Acrisole mit Ferricret sind bei Zaria und im nordöstlichen Jos-Plateau auf Sedimenten entwickelt, die Acheul-Artefakte führen und damit älter als jungpleistozän sind. Damit läßt sich nachweisen, daß es auch vor der letzten Kaltzeit Aufschüttungsphasen gab.

In den kaltzeitlichen Sedimenten dominieren sehr schlecht sortierte Ablagerungen mit überwiegend lokalem Material. Der Transport muß als Suspensionsstrom über kurze Distanz erfolgt sein. Sedimentmächtigkeiten von über 10 m sind an Hangfüßen keine Seltenheit. Selbst in Rumpfebenen können 5 m Mächtigkeit überschritten werden. Im Flachland wurden die Sedimente in hohem Maße von den Talflanken eingebracht. Am Fuß von Bergländern, Stufen und Rampenanstiegen wurden Schwemmfächer gebildet. In den Flachländern, wo zum Beispiel bei den tiefgründig verwitterten Rumpfebenen die relative Höhe zum Vorfluter unter 30 m liegt, resultierte aus der Materialumlagerung von den Talwasserscheiden zu den Vorfluterbahnen eine allgemeine Reliefabflachung. Danach erfolgte eine Zertalung. In den stärker abdachenden Rumpfflächen blieben dabei am Talhang Terrassen erhalten.

In den tiefgründig verwitterten Rumpfebenen dagegen kann es vorkommen, daß holozäner, jungpleistozäner und älterer Sedimentkörper nahezu nebeneinander liegen (s. POTOCKI 1974). Daraus ist auf eine geringere Abtragung im Vergleich zu den stärker abdachenden Arealen zu schließen, womit die Befunde der Substratanalyse an den Verwitterungsdecken bestätigt werden. Daß nämlich die tiefgründig verwitterten Rumpfebenen eine minimale Überformung durch Abtragung erfuhren.

Aus dem klimatisch gesteuerten Wechsel von einerseits Aufschüttung und Reliefabflachung und andererseits verstärkter Ausräumung des Materials resultierte in allen anderen Rumpfflächentypen eine nahezu flächenhaft wirksame Tieferlegung, sofern großflächig Regolith oder leicht verwitterbares Material anstanden. Es wird bereits aus der Substratanalyse erkennbar, daß einerseits bei zu geringer Abdachung alte Landschaftselemente mit der tertiären Verwitterungsdecke erhalten blieben, andererseits bei deutlicher Abdachung und widerständigen Gesteinen im Untergrund letztere zunehmend freigelegt wurden.

6.3 Substrate als Paläoumwelt-Indikatoren

Aus den Substraten lassen sich bedeutende Umweltveränderungen in Nigeria ableiten. Die Substratanalyse erbrachte Hinweise auf Veränderungen in den endogen und exogen gesteuerten Formungsprozessen und damit im Bild der Landschaft.

Die alttertiäre Landschaft war überwiegend sehr flach. Das permanent hohe Grundwasser führte zu einer tiefgründigen Kaolinisierung aller Gesteine. Frühe Krustenbewegungen im Oligozän und Untermiozän bewirkten Abdachungsverstärkungen, durch die regional Bauxite entstehen konnten. Die Abtragung war insgesamt relativ gering.

Aus dem Verwitterungsausmaß lassen sich drei Zeitabschnitte unterschiedlich intensiver Verwitterung voneinander trennen.

- Ein älterer Abschnitt bis zum Mittelmiozän mit der langanhaltenden Einwirkung feuchtwarmer Klimate und der Bildung lateritischer Verwitterungsprofile.
- Ein das Obermiozän und Pliozän umfassender Zeitabschnitt mit feuchtklimatischer Verwitterung reduzierter Intensität.
- Das Quartär mit geringer Verwitterungsintensität und deutlich unterschiedlicher Verwitterung und Bodenbildung in Feucht- und Trockensavanne.

Die Quartärablagerungen belegen den häufigen Wechsel von Zeiten der Rhexistasie und Biostasie als Folge von Klimawechseln. Insgesamt war das Quartär ein sehr formungsaktiver Zeitabschnitt. Ihre Wirkung wurde dadurch verstärkt, daß auch die Krustenbewegungen seit dem Miozän intensiviert waren.

Sehr wahrscheinlich werden Untersuchungen der Tertiär- und Quartärablagerungen das Bild weiter differenzieren. Für die Erklärung des Formenschatzes jedoch ist der ermittelte Trend der Landschaftsentwicklung bereits ausreichend. Er führt vom verwitterungsintensiven, aber tektonisch ruhigen Alttertiär zum verwitterungsschwachen, aber tektonisch aktiven, durch kräftige Klimaschwankungen gekennzeichneten Quartär.

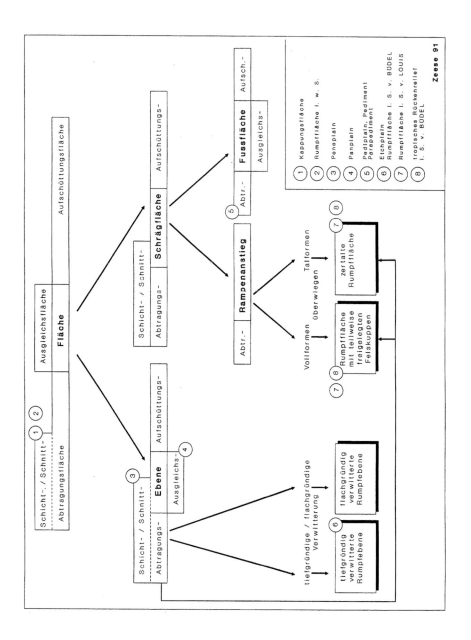

Fig.36: Flächenterminologie zur Landschaftsgliederung Nigerias

"Die Anordnung der Großformen auf der Erdoberfläche, die Umrisse der Kontinente, die Verbreitung von Tiefland, Hügelland, Bergland und Hochgebirge ist im wesentlichen auf die Wirkung der endogenen Kräfte zurückzuführen."
Hanna BREMER (1989): Allgemeine Geomorphologie, S. 92

7. Formenanalyse

Das Großrelief in Nigeria bildet wie in allen Schildregionen der Erde die Rumpfflächen- und Inselberglandschaft. Es sind vor allem Flächen und abrupt daraus herausragende Bergformen, die das Landschaftsbild bestimmen. Die *Rumpfflächen* sind in Nigeria in *Stockwerke* angeordnet, die durch *Stufen* und *Bergländer*, manchmal aber auch lediglich durch etwas stärker abdachende Flächenstücke voneinander getrennt sind. Die Entstehung der Rumpfflächen wie auch der Stufen wird sehr unterschiedlich erklärt. Mit den Modellen (Kap.3) ist eine Vielzahl an Begriffen verknüpft (Fig.36), die im folgenden nur benutzt werden, wenn die Zuordnung zum Modell gelingt.

7.1 Rumpfflächen

Bei der Betrachtung von Rumpfflächen kann man zwischen *Ebenen*, deren Abdachung unter 1° liegt und *Schrägflächen* (HÖVERMANN 1967) mit einer Abdachung von 1° bis 5° unterscheiden. In Nigeria sind als Schrägflächen (Fig.37) vor allem *Fußflächen* und *Rampenanstiege* weit verbreitet. Sie treten vor allem in einem breiten Streifen zwischen der tiefsten Rumpffläche des Benue-Tieflandes und den nach Norden zum Tschadbecken abdachenden Rumpfflächen auf (Fig.7).

7.1.1 Rampenanstiege und ihre Entstehung

Stärker abdachende Areale in Rumpfflächenlandschaften sind, mit Ausnahme der Fußflächen, in der Literatur wenig beschrieben und werden unterschiedlich begründet: Nach THORP (1975) und TURNER (1975; 1985) verliert in Nigeria die höhere Ebene der Kaduna-Rumpffläche (Niger-Flußsystem) nahe der Hauptwasserscheide zur Kano-Rumpffläche (Tschad-Flußsystem) durch Flußanzapfungen an Einzugsgebiet (Fig.38). Sie führen dies auf rückschreitende Abtragung wegen der Absenkung der Vorflut im Tschad-Becken zurück.
SPÖNEMANN (1987;1989) beschreibt von Rumpfflächenarealen Ostafrikas und Australiens Zertalung und beschleunigte flächenhafte Abtragung als Folgen großräumig wirksamer tektogener Abdachungsverstärkungen. Geländeteile, die aus einer Kippung oder positiven Verstellung resultieren, bezeichnete ROHDENBURG (1989,93) als "Randzerschneidungszonen". Aufgrund seiner Untersuchungen in der ebenfalls stärker abdachenden Rumpfflächenlandschaft Tansanias definierte LOUIS (1964) den "Rampenhang", den er als mäßig flache, durch Spüldenudation gebildete Abtragungsböschung im Saprolit verstand (LOUIS & FISCHER 1979).

A = am Fuß von Aufragungen

B = zwischen zwei Ebenen

C = zwischen dem Rand einer
höheren Ebene und einer Stufe

D = zwischen dem Rand einer
Stufe und einer tieferen Ebene

Fig.37: Schrägflächen

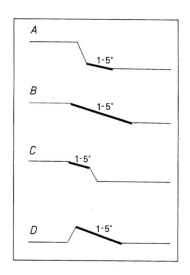

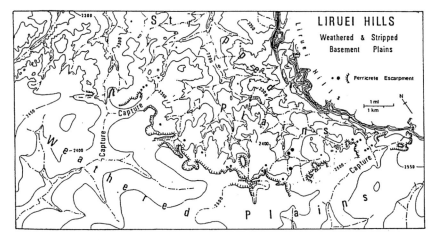

Fig.38: Rampenanstieg nördlich der kontinentalen Wasserscheide zwischen Kaduna- (Nigersystem) und Chalawa- (Tschadsystem) Einzugsgebiet (aus: THORP 1975); stripped plains = Rampenanstieg, weathered plains = tiefgründig verwitterte Rumpfebene.

In Anlehnung an diesen Begriff wurde das Wort "Rampenanstieg" (ZEESE 1989, 90) für Schrägflächen zwischen zwei Ebenen gewählt, die formal wie Rampen wirken und genetisch dem Rampenhang verwandt sind. Der Begriff selbst wird jedoch rein deskriptiv verstanden.

Rampenanstiege sind flache bis sehr flache, überwiegend im Regolith angelegte, unterschiedlich stark zertalte, teilweise von Kuppen, Hügeln und kleineren Bergländern durchsetzte Anstiege.
BREMER (1978) bezeichnet ein stärker abdachendes Landschaftsteil zwischen zwei Flächen unterschiedlicher Höhe dagegen als "Streckhang" (s.a. BREMER 1981a; 1986; 1989) und legt ihn aber genetisch fest: "Streckhänge... entstehen bei der Flächentieferlegung" (BREMER 1981, 84), da in den Tropen "die flachen Geländeteile gegenüber den steileren in der Abtragung bevorzugt" sind (BREMER 1989, 154). Bei ihrer Erklärung greift sie auch auf Beobachtungen aus Nigeria zurück (BREMER 1971).
Die Untersuchung von Schrägflächen zwischen zwei Ebenen ergab für Nigeria folgendes (s.a. ZEESE 1989; 1993c):
Rampenanstiege bilden im Grundriß großräumig unterschiedlich breite Säume, deren Verlauf richtungsorientiert ist. Der Rand zur höheren Ebenheit ist kleinräumig meist unterschiedlich stark gebuchtet (Karte 1, Pos.K). Er kann durch Ferricretstufen markiert sein, denen Ferricrettafelberge vorgelagert sind (Karte 1, Pos.L). Am Übergang zur tieferen Fläche treten offenbar keine Ferricrets auf. So befindet sich zum Beispiel entlang des Delimi am Nordfuß des Jos-Plateaus der nächstgelegene Ferricret der Vorlandsfläche rund 3,5 km vom Fuß des Rampenanstieges entfernt (Karte 1, Pos.M). Des weiteren sind gelegentlich Rampenanstiege unterschiedlicher Abdachungsrichtung nur durch eine wenige Kilometer breite Ebenheit im Wasserscheidenbereich voneinander getrennt (Karte 1, Pos.N).
Kleinere Stufen, die in den Landsat- und SLAR-Abbildungen nicht zu erkennen sind, können Rampenanstiege unterbrechen. In Karte 1 ist zum Beispiel bei Pos.O eine solche Stufe mit einer Höhe von 45 m in Gestein mäßiger Resistenz ausgebildet. Bei einer solch schwachen Treppung werden die Formen in Karte 1 und Fig.7 noch als Rampenanstiege dargestellt. Das Gerinnenetz der Rampenanstiege ist engmaschig (Fig.38) und kann an das Gefügemuster des Untergrundes angepaßt sein. In den Rampenanstiegen ist die Zertalung deutlich, teilweise sind Felskuppen freigelegt. Kleinere Hügelländer können die Rampenanstiege durchsetzen. Besonders auffällig sind Rampenanstiege zwischen der Benue-Rumpffläche und den zum Tschadbecken abdachenden Rumpfebenen (Fig.7).
Die geschwungene Abgrenzung vieler Rampenanstiege zur jeweils höheren Ebene (Beispiel: Karte 1, Pos. K; Fig.38) ist auf eine Ausweitung der überwiegend feindendritischen Gewässernetze zurückzuführen. Die rückschreitende Abtragung wird besonders deutlich, wenn es zu Talanzapfungen kommt (Fig.38). Daraus wird klar, daß auch die höhere Ebene einer durch die Reliefenergie im Rampenhang gesteuerten Abtragung unterliegt. Ein weiterer Beleg dafür sind die im Rampenhang auftretenden Ferricretstufen und -tafelberge als Zeugen einer ehemaligen tiefgründig verwitterten Rumpfebene mit den in Kap.6.1.2 beschriebenen ferrallitischen Paläoböden. Die schwach entwickelten Böden der Rampenanstiege, Cambisole bis Regosole, sind jüngere Bodenbildungen. Die Entfernung der vorzeitlichen Verwitterungs- und

Bodendecke kann auf eine verglichen mit den Rumpfebenen verstärkte Abtragung zurückgeführt werden.
Der großräumig orientierte Verlauf der Rampenanstiege, der Richtungen nachgewiesener Störungen entspricht, macht Krustendislokationen wahrscheinlich (ZEESE 1989). Deshalb ist es plausibel, den Energiegewinn, der sich in der Gefällszunahme ausdrückt, durch Einwirkungen der Tektonik zu erklären. Durch gefällsversteilende Krustenbewegungen wird eine ehemals flachere Landschaft umgestaltet. Folge sind unterschiedliche Rumpfflächen, aber auch stärker reliefierte Oberflächenformen. Davon sollen zunächst die Rumpfflächentypen vorgestellt werden.

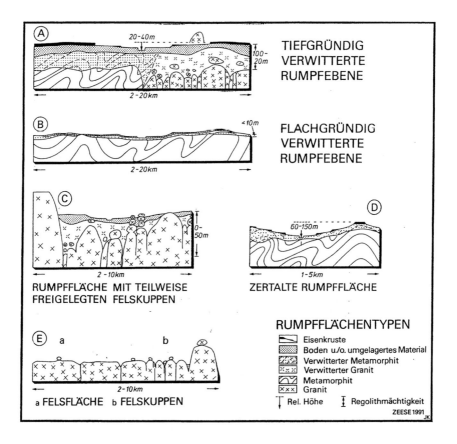

Fig.39: Rumpfflächentypen in Nigeria

RUMPFFLÄCHEN - TYPISIERUNG

Typ	Generelle Abdachung	Abdachung der Zwischental-scheiden	Hangneigung	Taleintiefung	Gewässernetz	Verwitte-rungstiefe	Lateritkrusten	Anstehendes Gestein	Gesteins-charakter	Ablagerungen
tiefgründig verwitterte Rumpfebene	extrem gering, oft unter 0,2 %	extrem gering	extrem gering	keine	grobdendritisch	> 10 m bis > 100 m	häufig	an Inselbergen	keine Differenzierung	vorhanden
flachgründig verwitterte Rumpfebene	extrem gering, oft unter 0,2 %	gering	gering	keine	feindendritisch	< 10 m schwankend	selten bis fehlend	an Inselbergen, sonst selten	v.a. wenig widerständig	nahe dem
Rumpffläche mit teilweise freigelegten Felskuppen	gering, oft über 1 %	stark variierend	stark variierend	schwach	teils feinden-dritisch, vor allem gitter- bis winkelförmig	stark variierend	untergeordnet	häufig	überwiegend widerständig bis sehr widerständig	Vorfluter-niveau
zertalte Rumpffläche	gering, meist über 1 %	gering bis mäßig	gering bis mäßig	deutlich	feindendritisch bis gitterförmig	v.a. < 20 m variierend	untergeordnet	variierend	wenig widerständig oder tiefgründig verwittert	häufig
Felsfläche und Felskuppen	variierend	variierend	stark variierend	unterschiedlich stark	"Linientäler"	meist sehr gering bis fehlend	lokal als Tafelberge	dominant, Regolith in Depressionen	sehr widerständig	lokal

Fig. 42: Rumpfflächentypen in Nigeria

7.1.2 Rumpfflächentypen und ihre Entstehung

In Abhängigkeit vom Ausmaß der Vorverwitterung, dem Dislokationsbetrag und der Lithofazies kann eine Reihe unterschiedlicher Rumpfflächentypen entwickelt sein. Wichtige Unterscheidungskriterien sind: die Mächtigkeit des Regolith (s. dazu Kap.6.1.1), die Intensität der Verwitterung, die Verteilung von Regolith zum oberflächlich anstehenden frischen Gestein sowie das Ausmaß der Taleintiefung. In Anlehnung an THOMAS (1989a,134) wurde für Nigeria folgende Typisierung getroffen (Fig.39,s.a. Fig.36; ZEESE 1993c):

Rumpfflächen ohne eingetiefte Täler (Ebenen)

A) Abtragungsebenheiten mit einer Decke aus Lockermaterial, die Folge einer Tiefenverwitterung ist, werden als *tiefgründig verwitterte Rumpfebenen* bezeichnet. Es sind außerhalb des Tschad-Beckens und der Hochflutebenen die am geringsten reliefierten Teilräume. Sie sind über Grund- und Deckgebirge weit verbreitet. Die relativen Höhen zwischen Vorfluter und Zwischentalscheiden liegen in der Regel unter 30 m, die generelle Abdachung kann weniger als 0,05 % ausmachen. Die Mächtigkeit des Regolith beträgt oft über 50 m. Ferricrets (Kap.6.1.1) sind in tiefgründig verwitterten Rumpfebenen weit verbreitet. Das Gerinnenetz ist grobdendritisch und weitmaschig.

Manchmal laufen die Entwässerungsbahnen nahezu parallel (Fig.40). Die untergeordneten Gerinne haben meist kein erkennbares Gerinnebett. Sie werden in der Regenzeit weithin überflutet; in der Haussa-Sprache werden sie als Fadama bezeichnet (s. TURNER 1975;1985). Gelegentlich auftretende schmale Regenrunsen in der Sohle der Fadamas oder an den Flanken (Fig.41) sind anthropogen durch unsachgemäße Dränagemaßnahmen oder Überweidung entstanden.

B) *Flachgründig verwitterte Rumpfebenen* sind Abtragungsflächen, bei denen das frische Gestein in geringer Tiefe auftritt, so daß die Strukturen des Untergrundes im Luftbild zwar durch Grauwertänderungen erkennbar sein können, morphologisch aber nicht wirksam sind. Sie sind auf den kreidezeitlichen Sedimentgesteinen im Gongola-Becken und in Teilen des Benue-Tieflandes großräumig verbreitet. Das Gefälle der Flüsse liegt am unteren Gongola unter 0,05 % und am Benue unter 0,03 %. Die Abdachung der Zwischentalscheiden von den Rahmenhöhen zu den größeren Flüssen erreicht dagegen mit 0,5 % und mehr höhere Werte als bei den tiefgründig verwitterten Rumpfebenen. Das Gerinnenetz ist v.a. feindendritisch. Ferricrets sind selten oder fehlen.

Rumpfflächen mit Taleintiefung (Ebenen und Schrägflächen)

C) *Rumpfflächen mit teilweise freigelegten Felskuppen* werden durch schwach eingetiefte Täler untergliedert. Im Unterschied zu den bisher genannten Rumpfflächentypen durchstoßen Felsblöcke und Inselberge in meist großer Zahl die Verwitterungsdecke. Das Gewässernetz

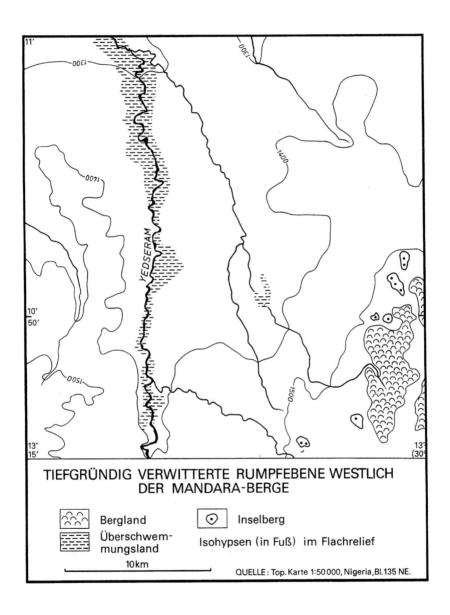

Fig.40: Tiefgründig verwitterte Rumpfebene mit Dominselbergen, Inselgebirgen und grobdendritischem bis nahezu parallelem Entwässerungsnetz. Westrand der Mandara Berge. 100 Fuß Äquidistanzen.

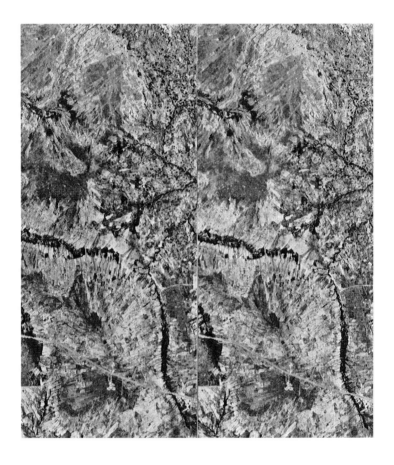

Fig.41: Stereogramm (Luftbildpaar, eingenordet): Fadama-Anzapfung westlich von Pankshin (SE-Rand des Jos-Plateaus).

Linker Bildteil: Entwässerung nach Norden innerhalb des Plateaus zum Gongola

Rechter Bildteil: Entwässerung nach Osten zum Plateaufuß und zum Benue. Fadama-Anzapfung am Rand der tiefgründig verwitterten Rumpfebene durch rückschreitende Erosion

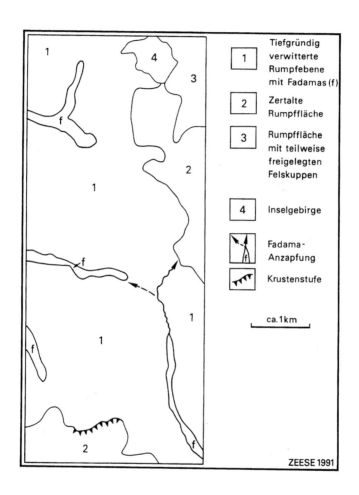

ist teils feindendritisch, teils folgt es tektonischen Linien. Mächtige Ferricrets sind auf vereinzelte hohe Tafelberge beschränkt; schwach entwickelte Ferricrets treten untergeordnet auf.

D) *Zertalte Rumpfflächen* sind gekennzeichnet durch die oft getreppten Talflanken und Riedel mit Hangneigungen von 5° und mehr. Trotz der beachtlichen Höhenunterschiede von manchmal hundert und mehr Metern innerhalb Zwischentalscheiden und Vorflutern sind größere nacktfelsige Areale und Inselberge selten. Das Gewässernetz ist zum Teil feindendritisch, zum Teil an tektonischen Linien ausgerichtet. Mächtige Ferricrets können im Wasserscheidenbereich Tafelbergkappen bilden; schwach entwickelte, lückenhaft dokumentierte Ferricrets geringerer Verwitterungsintensität (ausgehärtete Acrisolplinthite) begleiten häufig die Flüsse an den Talflanken.

E) Bei *Felsflächen und Felskuppen* ist die Regolithdecke bis auf geringe Reste abgetragen. Sie treten nur kleinräumig auf und sind durch unterschiedlich stark eingetiefte, nach dem Kluftnetz orientierte Täler getrennt. Die relative Höhe der Felskuppen kann 100 m erreichen. Ferricrets sind auf regionale Vorkommen beschränkt.

In der tiefgründig verwitterten Rumpfebene (Typ A) sind Verwitterungsprofile erhalten, die unter deutlich feuchteren Klimabedingungen als heute gebildet wurden (Kap.6.1.2). Damit ist seit Jahrmillionen eine bedeutende Abtragung auszuschließen. Sie kann auch während der Bildung der Verwitterungsprofile nicht bedeutend gewesen sein, sonst wären Verwitterungstiefen von 100 und mehr Metern nicht möglich. Für eine tiefgründige Kaolinisierung und Bleichung ist ein permanent hoher Grundwasserspiegel notwendig (ZEESE 1993b). Das heißt, die Ebene war Voraussetzung für die Verwitterungsprozesse. Tiefgründig verwitterte Rumpfebenen sind Oberflächenformen, die vor allem einen Volumenverlust durch Lösungsabtrag erfahren haben, aber keine wesentliche Tieferlegung. Sie sind in Nordnigeria regional von heute inaktiven Dünen überdeckt. Die Summe der Beobachtungen erlaubt den Schluß, daß die tiefgründig verwitterten Rumpfebenen in Zentral- und Nordnigeria als Vorzeitformen anzusehen sind (ZEESE 1993c).

Felsflächen und Felskuppen (Typ E) treten vor allem in Bergländern kleinräumig auf. Rumpfflächen mit teilweise freigelegten Felskuppen (Typ C) und zertalte Rumpfflächen (Typ D) sind in Rampenanstiegen weit verbreitet und genetisch mit der dort stärkeren Abdachung in Zusammenhang zu bringen. Ein Abdachungsgrenzwinkel, der die verschiedenen Typen abgrenzt, läßt sich nicht ermitteln, da die Differenzierung der Typen nicht allein von der Abdachung, sondern auch vom Ausmaß der Vorverwitterung, der Dauer der Abtragung und der Lithofazies abhängig ist. Daneben spielt ein klimazonaler Faktor eine Rolle. Je feuchter die Region ist, umso mehr treten Felsformen im Flachrelief zurück.

Zu klären ist, wie man sich die Entstehung der Ebenen mit flachgründiger Verwitterung vorzustellen hat und welche Hinweise zur Landschaftsentwicklung sich ableiten lassen. Flachgründig verwitterte Rumpfebenen sind in den teilweise gefalteten Beckensedimenten besonders ausgeprägt. Deshalb sollen zwei Beispiele aus dem Benue-Tiefland und dem Gongola-Becken zur Veranschaulichung dienen.

In der östlichen Benue-Senke zwischen 10° und 12° Ost überragen vor allem nördlich des Benue zahlreiche freigelegte trachytisch-phonolitische Schlotfüllungen eines unter- bis mittelmiozänen Vulkanismus (GRANT et al. 1972), aber auch Schichtkämme und Bergländer aus kieselig gebundenen Sandsteinen die flachgründig verwitterte Rumpfebene. Ferricrets fehlen. Die Vulkanruinen (Tafel 8/1) bezeugen eine postmittelmiozäne Freilegung der Schlotfüllungen. Aus dem Höhenunterschied zwischen dem Gipfel der Vulkanruine oder der Kappungsfläche im Bergland (Kreidesandsteine) und der heutigen Rumpfebene vor den Erhebungen, die oft mehr als 300 m ausmacht, läßt sich für einen Zeitraum von minimal 10, maximal 20 Millionen Jahren (=Vulkanitalter) ein in der Summation der Einflüsse flächenhaft wirksamer Abtrag von 15 bzw 30 m in 10^6 Jahren erschließen. Dieser Betrag stimmt in etwa überein mit der für das Einzugsgebiet des Tschadbeckens ermittelten quartären Abtragungsrate (Kap.5.3). Die Tieferlegung der Ebene kann jedoch wesentlich geringer gewesen sein als die Höhen z.B. der Vulkanruinen suggerieren, da deren Ausgangsformen sehr wahrscheinlich ihre Umgebung ebenfalls überragt haben. In weniger widerständigen Gesteinen wirkte die Abtragung flächenhaft. Es entstand die Rumpffläche mit flachgründiger Verwitterung, während Schlotfüllungen und kieselig gebundene Kreidesandsteine zu Vollformen umgestaltet wurden. Die klimatischen Bedingungen für die chemische Aufbereitung der Gesteine verschlechterten sich dabei, wie die Substratanalyse ergeben hat, zunehmend. Die Bedingungen für flächenhaft wirksame Abtragung dagegen waren gegeben.

Die Förderschlote der Vulkane, deren Förderprodukte im Jos-Plateau und damit im Wasserscheidenbereich am Aufbau der Fluviovulkanischen Serie teilhaben, heben sich morphologisch im Gelände nicht ab, obwohl die Plateaufläche deutlich höher liegt als die Benue-Senke und zumindest die untere Folge der FVS älter ist als die Schlotfüllungen im östlichem Benue-Trog. Verantwortlich dafür sind wahrscheinlich: Die Wasserscheidenposition, der Abtragungsschutz durch die vorgelagerten Granitintrusionen, die wie Pylone das Jos-Plateau umgeben (Fig.13) und die Abtragungshemmung durch die Verfüllung der Vorfluter mit Basalten bis ins Quartär. Damit läßt sich nachweisen: Im Untersuchungsraum sind einerseits Ebenen mit ihrer tertiären Verwitterungsdecke großräumig erhalten geblieben, das heißt, hier war die Abtragung extrem gering. Andererseits überragen Schlotfüllungen ehemaliger neogener Vulkanbauten flachgründig verwitterte Rumpfebenen in wenig widerständigen Gesteinen. Das Fehlen einer tertiären Verwitterungsdecke und die Freilegung der Schlotfüllungen bezeugen eine Fortdauer flächenhaft wirksamer Abtragung. Aus alldem wird ersichtlich, daß feuchtheiße Klimaverhältnisse zwar für die Aufbereitung morphologisch extrem widerständiger Gesteine sehr förderlich, aber keineswegs für eine flächenhafte Abtragung notwendig sind (ZEESE 1993c).

Ältere Rumpfebenen können auch unter einer Sedimentdecke erhalten geblieben sein und als Folge eines Hebungsimpulses wieder freigelegt werden. Ein Beispiel dafür bietet das Gongolatiefland (Fig.43) südlich des Anzapfungsknies bei Nafada (zur Lokalisierung s. Fig.4). Hier fließt der Gongola durch eine weite Ebene, aber auch in Durchbruchstälern durch Erhebungen aus Kreidesandsteinen, die wie zum Beispiel die Bima-Berge sehr abrupt aus der Ebenheit heraussteigen. Aus Fig.42 wird ersichtlich, daß die Kerri-Kerri-Schichten Bergformen aus

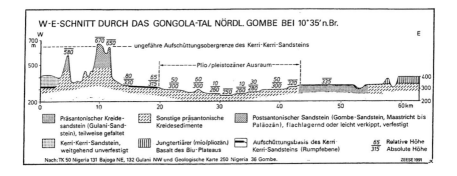

Fig.42: Die Aufschüttungsbasis der oberen Kerri-Kerri-Schichten war vor deren Ablagerung überragt von Bergformen des Gombe-Sandstein (Fig.43). Durch die bedeutende Erosionsdiskordanz wird klar, daß die oberen Kerri-Kerri-Schichten deutlich jünger als der Gombe-Sandsein sind. Die Bildung des getreppten Flachreliefs unterhalb 315 m NN erfolgte nach der Ausräumung der jüngeren Kerri-Kerri-Schichten und nach der Förderung obermiozän/pliozäner Basalte (Biu-Vulkanismus).

kretazischen Gesteinen überdeckt hatten, die teilweise wieder freigelegt wurden (Fig.43). Dabei entstanden auch die epigenetischen Durchbruchstäler des Gongola. Die tiefsten Partien des Kerri-Kerri lagern einer Ebenheit auf, die im Bereich des Profilschnittes etwa 320 m ü.d. Meer liegt.

Östlich des Gongola überdeckt ein Basalt die Ebene, die über große Horizontaldistanz nur minimales Gefälle aufweist. Auf beiden Seiten des Gongola führt eine schwach getreppte flachgründige Rumpffläche über rund 70 Höhenmeter zum Fluß (Fig.42). Da die bisher datierten Basalte des Biu-Plateaus alle ein pliozänes Alter aufweisen (GRANT et al. 1972), könnte die über 20 km breite flachgründig verwitterte Rumpffläche zwischen 320 und 250 m ü.d. Meer auf eine plio/pleistozäne Abtragung zurückzuführen sein.

7.1.3 Fußflächen und ihre Entstehung

In die erklärende Beschreibung der Rumpfflächenlandschaft wurden bisher Rumpfflächentypen und Rampenanstiege einbezogen. Daneben gibt es in Nigeria weit verbreitet Schrägflächen, die am Fuß von Aufragungen ansetzen und als Fußflächen bezeichnet werden (s. dazu MENSCHING 1973; 1978; WENZENS 1978; BRUNOTTE 1986). Fußflächen bestehen bei Abtragungshemmung des Vorfluters aus einer Abtragungs- und einer Aufschüttungsteilfläche mit einem insgesamt schwach konkaven Profil. Gestreckte bis gestreckt konvexe Formen dagegen deuten auf eine anhaltende Vorflutereintiefung und auf die fortschreitende Zerstörung einer älteren Fläche (ROHDENBURG 1989).

Die Substratanalyse (Kap.6.2) ergab für Nigeria, daß im Quartär klimatisch gesteuert Eintiefung und Aufschüttung wechselten. Dieser Wechsel wurde durch den Effekt von Krustenbewegungen überlagert. Das Wirkungsgefüge von Krustenbewegungen, Klimawechseln und lithofaziellen Unterschieden läßt sich im Deck- und Grundgebirge besonders gut an Fußflächen demonstrieren (s.a. ZEESE 1993c).

7.1.3.1 Fußflächenbildung durch Pedimentation

Im Deckgebirge liegt nördlich des Zusammenflusses von Benue und Gongola eine zwischen Longuda-Plateau und Gongola ausgebildete 7-15 km breite Fußfläche (Fig.34), die 15-20 m sowie 5-10 m über dem Fluß jeweils eine undeutliche Konvexität aufweist. Die Fußfläche wird von zahlreichen nahezu parallelen Gerinnen entwässert, die 5-8 m in verwitterte Gesteine der Kreide (Tonsteine, Mergel, Sandsteine, Kalksteine) und bis 8 m mächtige Sedimente eingetieft sind (Fig.35, s. Kap. 6.2.3). Die Gesteine der Kreide bilden den Unterhang der Basaltstufe, sofern nicht mächtigere kieselig gebundene Sandsteine anstehen, die zum Beispiel im Nordteil von Fig.38 ein Bergland zwischen Fußfläche und Plateau aufbauen. Ansonsten fungieren sie als Sockelbildner der Stufe. Der Unterhang der Basaltstufe zeichnet sich in der Landsat-Falschfarbenkomposite (Tafel 7/3) durch ein helles Gelbbraun ab, das als unterschiedlich breites Band zwischen dem Dunkelbraun des Basaltplateaus und dem fleckigen Blau der Fußfläche liegt. Wie die Geländebegehung ergab, ist das Fleckenmuster Folge einer intensiven ackerbaulichen Nutzung, der bläuliche Farbton ist typisch für einen bis 2 m mächtigen Vertisol, der am Stufenunterhang fehlt. Der Vertisol hat sich auf Sedimentkörpern gebildet, die viel Basalt unterschiedlichster Korngröße enthalten sowie auf verwitterten tonig-mergeligen Kreidegesteinen (s.Kap.6.2.3, dort v.a. Fig.35). Der Basalt, der bis Blockgröße in den die Fußfläche überdeckenden Sedimenten auftritt, muß vom Longuda-Plateau stammen, wo er in einer Mächtigkeit bis zu 300 m ansteht (Fig.34).

Die weite Verbreitung von Basaltklasten vor der Stufe beweist kräftigen Hangabtrag, da sie vom Stufenoberhang kommen. Aus dem kilometerweiten Transport grober Blöcke über Fußflächen muß auf Klimaabschnitte mit zeitweise extremem Wasserabgang durch Starkregen

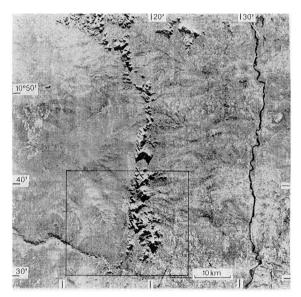

43 a: Ausschnitt aus SLAR-Mosaik NC 32-8; Abtastrichtung nach S

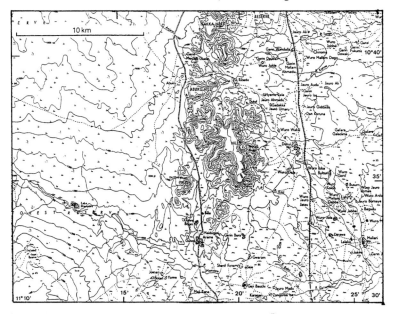

43 B Verkleinerter Ausschnitt aus TK 100 Nr.131 (Bajoga); 100 Fuß-Äquidistanzen
Fig. Westteil: Rampenanstieg (ca 1° Abdachung) im Kerri-Kerri-Sandstein;
Fig. Mitte: Bergländer (Kreidesandsteine) mit Flachreliefresten;
Fig. Ostteil: schwach getreppte flachgründig verwitterte Rumpfebene in schräggestellten kretazischen Gesteinen.

Fig.43: Teilweise freigelegtes Paläorelief zwischen Gongola und Kerri-Kerri Plateau

geschlossen werden, in denen jedoch keine dichte Vegetationsdecke entwickelt war. Beim Zurückweichen der Stufe entstand ein Pediment in unterschiedlich resistenten Gesteinen, da die Fußfläche sämtliche Gesteine kappt. Das Pediment geht in Richtung zum Gongola in eine Aufschüttungsfußfläche über, in der mehrere Sedimentkörper übereinander liegen. Die Vertisolbildung schließt großflächigen rezenten Schutttransport aus. Die Fußfläche wird vielmehr durch zahlreiche Gerinne zerschnitten. Das heißt, Aufschüttungen und die damit verbundene Hangrückverlegung sind unter vorzeitlichen Formungsbedingungen abgelaufen. Schlammstrom- und Schuttstromabsätze wurden in Kap. 6.2.2 als kaltzeitliche Ablagerungen gedeutet und die Argumentation durch ein C-14-Alter gestützt. Deshalb ist wahrscheinlich, daß der Pedimentationsvorgang unter formungsaktiveren kaltzeitlichen Klimabedingungen ablief.

7.1.3.2 Fußflächenbildung durch Parapedimentation

Am Nordrand des Jos-Plateaus ist im Neill's Valley sowie im östlich anschließenden Tilden-Becken (Karte 1) in den von jurassischen Ringgängen durchzogenen präkambrischen Metamorphiten auf kurze Distanz nebeneinander eine unterschiedliche Gestaltung des Vorlandes festzustellen (Fig.44). Im Neill's-Valley selbst ist eine Fußflächentreppe (Pos.G) entwickelt. Sie wird durch ein engmaschiges Gerinnenetz in zahlreiche kleine Segmente unterschiedlicher Höhenlage mit einer vertikalen Spannweite von maximal 150 m gegliedert. Am Fuß des Steilhanges, noch oberhalb des höchsten größeren Fußflächenrestes, sind kleine Gruben im saprolitisierten Glimmerschiefer aufgeschlossen, aus denen sich die lokale Bevölkerung mit Schmuckfarben versorgt (ocker, rot, weiß). Die intensiven Verwitterungsfarben, die der Zone der Bunten Tone in einem ferrallitischen Verwitterungsprofil zuzuordnen sind, treten in tieferen Niveaus nicht mehr auf. Der höchste ausgedehntere Fußflächenrest trägt eine Rotverwitterung, in den tieferen Verflachungen ist im Neill's Valley die Verwitterung schwächer. Die Fußflächensegmente sind geradlinig gestreckt und tragen keine Schutt- oder Schotterauflage. Grobe Buntschotter treten am Durchbruch des Flusses durch einen Härtlingsriegel (jurassischer Quarzporphyr) im Flußbett und in einem schmalen Terrassenkörper auf, auf den die tiefste Fußfläche eingespielt ist. Östlich der Fußflächentreppe liegt eine zerschnittene, gerade bis schwach konkave Fußfläche (Pos.H). Am Hangfuß münden auf der Fußfläche kleine Schuttfächer, die heute zerschnitten sind. Auch die Fußfläche ist zerschnitten wie die zuvor dargestellte Fußfläche östlich des Longuda-Plateaus. Nach Osten werden im Tilden-Becken die aus der Zerschneidung resultierenden Kanten deutlicher, da sie durch einen Ferricret markiert sind (Pos.F).

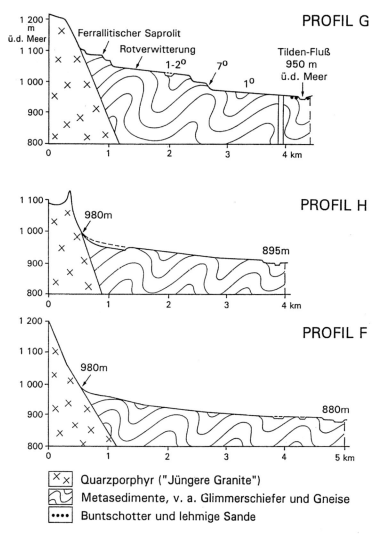

Fig.44: Die Fußflur des Tilden-Beckens

Während im Neill's-Valley der Fuß des Steilhanges und damit der Ansatz der getreppten Fußfläche nach Osten von 1100 m auf 950 m absinkt, bleibt östlich des Härtlingsriegels der Fuß des Steilhanges, der die Grenze zwischen jurassischem Quarzporphyr und den Metamorphiten markiert, über eine Distanz von mehr als 10 km etwa in derselben Höhenlage von 980 m. Er hat über einen schmalen Pass Verbindung zur tiefgründig verwitterten Rumpfebene im Westteil des benachbarten Fedare-Beckens (Pos.I). Die dort in Wasserscheidenposition anstehenden Ferricrets enthalten Gibbsit in Porenfüllungen. Deshalb ist ein quartäres Alter der Fläche sehr unwahrscheinlich.

Wenn über eine Distanz von wenigen tausend Metern im Neill's-Valley der tiefere Teil eines gekappten tertiären Saprolitprofiles 150 m höher liegt als der Ferricret im Fedare-Becken, der den höchsten Teil eines vergleichbaren Verwitterungsprofiles markiert, dann läßt sich dies am ehesten durch eine Hebung im Bereich des Neill's-Valley erklären. Die Hebung des Jos-Plateaus, die allein durch seine Höhenlage zu postulieren ist, wird somit auch durch die Reliefanalyse bestätigt. Da der Fuß des Steilhanges über Kilometer die Gesteinsgrenze zwischen panafrikanischen Metamorphiten und jurassischem Quarzporphyr markiert, ist im widerständigen Gestein keine Hangrückverlegung nachweisbar. Vorstellbar ist, daß es als Folge der erhöhten Reliefenergie zur insgesamt flächenhaft wirksamen Abtragung in den wenig resistenten Metamorphiten des Beckens kam und dadurch zur Verstärkung des Höhenunterschiedes zwischen Becken und Beckenumrahmung, was dem Vorgang der Parapedimentation im Sinne von BRUNOTTE (1986) entspricht.

Stärker flächenhaft wirksame Abtragung und lineare Zerschneidung müssen jedoch im Neill's Valley wiederholt erfolgt sein, da anders die gesteinsunabhängige Treppung nicht erklärt werden kann. Dieser Wechsel kann tektonisch gesteuert worden sein (mehrere durch Ruhe unterbrochene Hebungsphasen). Wahrscheinlicher sind jedoch klimatische Wechsel, wie sie an vielen Stellen in Nigeria durch die Substratanalyse nachweisbar sind. Sie bewirkten durch den Wechsel stärker linearer mit mehr flächenhafter Abtragung bei relativ rascher Hebung die Treppung. Die im Neill's Valley deutlich zum Plateau ansteigende Position des Knickes zwischen Steilhang und Fußflur zeigt, daß dort die Hebung nicht durch die daraus initiierte Abtragungsverstärkung ausgeglichen worden ist. Die geradlinigen bis schwach konvexen Längsprofile der Verflachungen im Neill`s Valley weisen diese als reine Abtragungsflächen aus. Nach diesem Deutunsgversuch wäre die verstärkte Abtragung als Folge eines jungen Hebungsereignisses anzusehen, die Treppung dagegen würde aus Hebung und klimatischen Wechseln mit zeitweise wirksamer Parapedimentation resultieren. Der räumliche Vergleich (Karte 1) läßt erkennen, daß Rampenanstiege und Parapedimente eng beieinander liegen. Da beide durch Hebungsimpulse erklärt werden können, ist dies nicht weiter verwunderlich.

7.2 Stufen

Die auffälligsten Folgen positiver Krustenbewegungen in den Schildregionen der Erde sind die Landstufen. In Nigeria sind es Schichtstufen, bei denen vor allem Basalte oder Ferricrets als Stufenbildner fungieren, sowie unterschiedliche Stufentypen in Grundgebirgsgesteinen. *Basaltstufen* begrenzen nach Norden, Westen und Süden das Biu-Plateau und markieren umlaufend den Rand des Longuda-Plateaus (Fig.7; Fig.4). Kleinere Basaltstufen oder -tafelberge sind auch im Jos-Plateau zu finden. Stufenbildner ist der Basalt, der Sockel liegt entweder im Saprolit oder in gering resistenten Gesteinen.

Hohe (bis über 100 m) und im Grundriß ausgedehnte *Ferricretstufen* treten im Arbeitsgebiet nur im Deckgebirge im Nordteil und am Südwestrand des Kerri-Kerri-Verbreitungsgebietes auf (Fig.7). Kleinere Ferricretstufen und bis über 80 m hohe Ferricrettafelberge finden sich auch im Grundgebirge. Hier bestimmt die Mächtigkeit des Verwitterungsprofiles die maximal mögliche Stufenhöhe. Basaltstufen und höhere Krustenstufen sind in SLAR-Mosaiken und Landsat-Falschfarbenkompositen leicht auszumachen. Ihr stark gebuchteter Verlauf, vom geschlossenen Verband abgetrennte Zeugenberge sowie die Pedimentanteile von Fußflächen vor der Stufe beweisen die hangerosive Rückverlegung der Stufen und die damit zusammenhängende Ausweitung der tieferen Fläche.

Im Grundgebirge kann man des weiteren unterscheiden zwischen *Dislokationsstufen*, die keine Abhängigkeit vom Gestein zeigen (Typ A in Fig.45), *Resistenzstufen* (sensu ROHDENBURG 1989,93), die streng gesteinsabhängig sind (Typ C in Fig.45) und einem Stufentyp, der zwar durch widerständiges Gestein gestützt wird, dessen Verlauf aber nicht Gesteinsgrenzen nachzeichnen muß (Typ B in Fig.45).

Dislokationsstufen (Fig.45 A) folgen Lineationen. Besonders deutlich werden die Romanche-Störung, die das nördliche Jos-Plateau quert, und die Chain-Störung, die den Nordrand des Benue-Tieflandes markiert, durch Dislokationsstufen nachgezeichnet (Fig.7). Am Beispiel der Stufe, die am Südostfuß des Jos-Plateaus Bauchi-Rumpffläche und Benue-Rumpffläche trennt (Fig.46), erkennt man das bajonettartige Verspringen des Stufengrundrisses, das abrupte Ausstreichen der höheren Fläche und eine Vielzahl von vorgelagerten Bergformen. Vom Stufenfuß greifen engständige Täler nur wenige Kilometer ins höhere Flachrelief zurück. Sofern ein Fluß die höhere Fläche über die Stufe entwässert (Fig.46), reicht die Zerschneidung, Kluftsystemen folgend, deutlich weiter zurück.

Dieser Stufentyp hat mäßig steile bis steile Hänge mit einer meist geringmächtigen schuttreichen Regolithdecke. Die Stufen sind in unterschiedlich resistenten Gesteinen ausgebildet. Die höhere Fläche kann eine mächtige geschlossene Verwitterungsdecke mit Acrisolen oder gar Ferralliten tragen. Die relative Höhe der beobachteten Stufen macht weniger als 300 m aus.

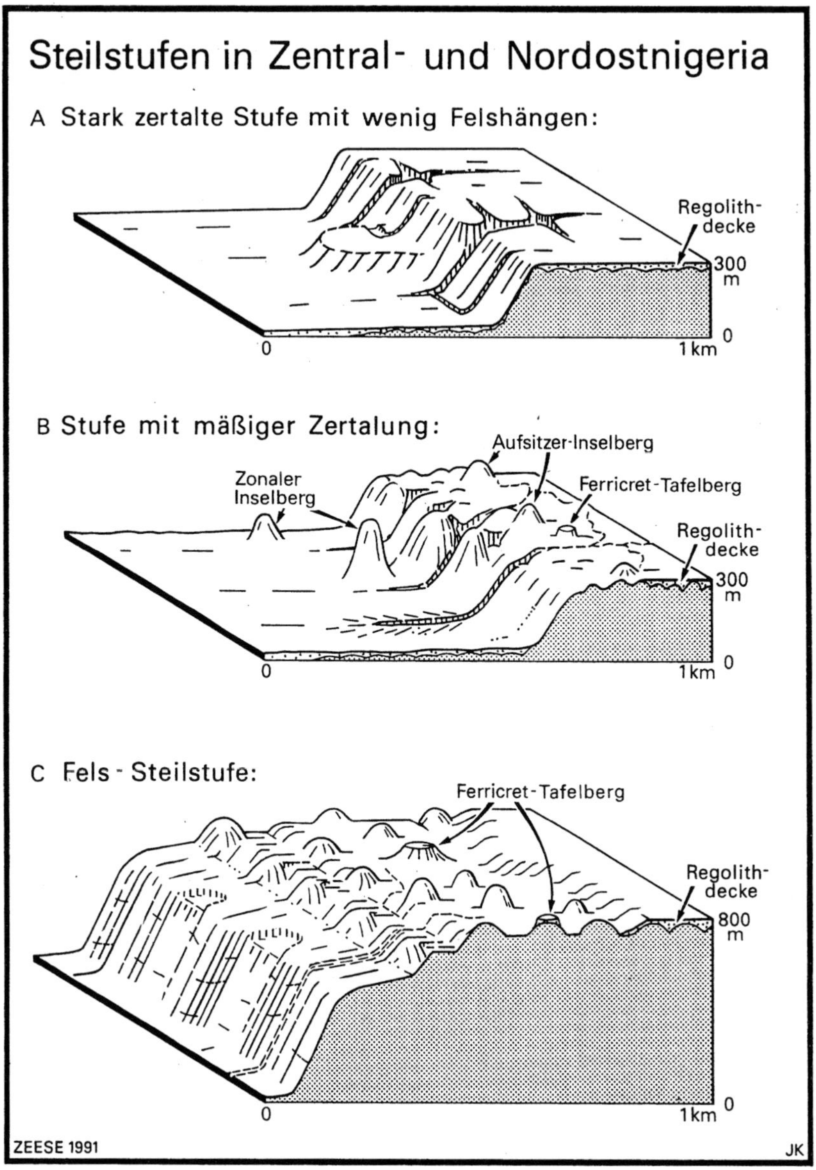

Fig. 45: Die Haupttypen der Steilstufen im nigerianischen Grundgebirge

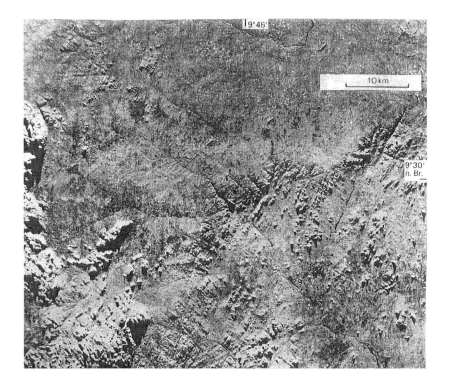

Fig.46: SLAR stark zertalte Stufe zwischen Südrand der Bauchi-Rumpffläche (im Norden) und Benue-Tiefland (im Süden). Der Stufe, die mehrfach versetzt vor allem N 20° E und N 70° E verläuft, sind zahlreiche Bergformen vorgelagert; im NW ist der Ostrand des Jos-Plateaus mit einer Fels-Steilstufe in "Jüngeren Graniten" (Sara-Fier-Komplex) zu erkennen. Aus der Fließrichtung der Nebenflüsse des Gongola wird erkennbar, daß dieser einer weitgespannten Einsattelung folgt. Ausschnitt aus Mosaik NC 32-11; Abtastrichtung nach S.

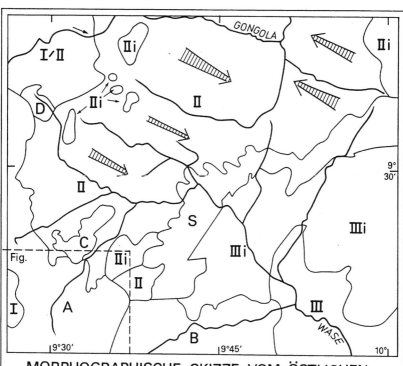

Fig.47: SLAR vom Südostrand des Jos-Plateaus (Shemankar-Becken) mit Störungsmustern als Folge von Seitenverschiebungen; Ausschnitt aus Mosaik NC 32 - 11; Abtastrichtung nach Süden. Aus dem Beanspruchungsellipsoid, dem eine vermutete N 70° E verlaufende Seitenverschiebung zugrunde liegt, wird ersichtlich, daß die Strukturen des Beckens durch Transtensions- und Aufreißbewegungen erklärt werden können. Im Beanspruchungsellipsoid sind neben Transtensionsgräben und Aufreißbecken auch Transpressionsrücken und -aufschiebungen dargestellt. (siehe rechte Seite)

Aus der Ausrichtung nach lithosphärischen Brüchen, dem unvermittelten Abbrechen der höheren Ebene am Stufenrand, der Anlage der Stufen in Gesteinen unterschiedlicher Resistenz und der relativ geringen erosiven Überformung selbst in mäßig widerständigen Gesteinen kann man schließen, daß es sich um Stufen handelt, die auf junge tektonische Ereignisse zurückgehen (ZEESE 1989). Der maximale Dislokationsbetrag ergibt sich aus dem Abstand zwischen höherem und tieferem Flachrelief. Bei den kartierten Formen ist dies weniger als 300 m. Eine Differenzierung der Dislokationsstufen in Bruchstufen, Bruchlinienstufen und "Flexurstufen" (sensu ROHDENBURG 1989, 67) ist meist nur durch Detailuntersuchungen im Gelände möglich.

Hinweise auf Bewegungen, aus denen ein Teil der Dislokationen resultiert, lassen sich mit Hilfe der Reliefanalyse gewinnen. Ein besonders anschauliches Beispiel bietet das Shemankar-Becken am Südostrand des Jos-Plateaus (Fig.47).

In das Becken verlaufen N 60-70° E gerichtete Lineamente. Die quartären Vulkane im Becken sind in der Richtung N 20-30° E gereiht und liegen, wie die Auswertung von Luftbildern ergab, am Kreuzungspunkt mit N 60-70° E Störungen. Parallel zu den Vulkanreihen markiert

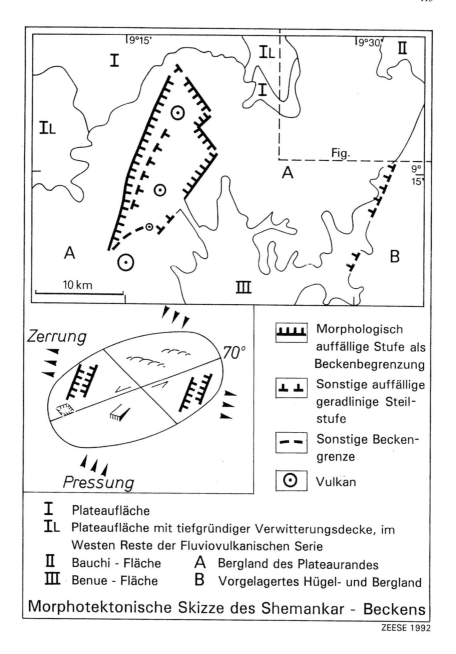

Morphotektonische Skizze des Shemankar - Beckens

ZEESE 1992

eine Bruchstufe den Westrand des Beckens. Im Becken und am Beckenrand verlaufen morphologisch erkennbare, wenngleich kleine Verstellungen an Hängen im Grundgebirge und an den Flanken älterer Vulkane bei etwa N 160°. Nach Planungsgrundlagen der Firma J.Berger/Nig., die am Nordrand des Beckens einen Damm errichtete, streichen dort die meisten Klüfte N 160°. Eine Steilstufe am Nordostrand des Beckens hat ebenfalls diesen Verlauf. Wenn man annimmt, daß nördlich des als Scherbecken interpretierten Benue-Troges (BENKHELIL et al. 1989, s.a.Kap.5.1) ebenfalls Scherbewegungen erfolgten, wird das Bild verständlich. Die Bruchstufe am westlichen Beckenrand entstand nach diesem Erklärungsmodell an einer Zerrspalte (N 20-30° E). Entlang anderer Zerrspalten fanden die Laven ihre Aufstiegswege. Die N 160° verlaufenden Störungen lassen Aufreiß(pull apart)-Bewegungen annehmen, die N 60-70° E verlaufende Blattverschiebungen wahrscheinlich machen. Aktuelle Flachbeben sind von der Atlantikküste Südghanas (Accra) und von der Kamerunlinie bekannt (Epizentrenlisten des U.S. National Earthquake Information Centers). Damit wird die Annahme, daß in Nigeria junge Scherbewegungen an einer reaktivierten konservativen Plattengrenze ablaufen, sehr wahrscheinlich. "Kontinentale Transforms zeigen gegenüber ozeanischen Transforms meist erhebliche geometrisch-kinematische Komplikationen" (EISBACHER 1991,71). Umso erstaunlicher ist es, welch gute Übereinstimmungen bis zum Nordrand des Jos-Plateaus zwischen dem Verlauf der Stufen und Vulkanreihungen einerseits und andererseits Transformmustern (Fig.48) festzustellen sind. Wenn Modell und Natur besser als erwartet übereinstimmen, dann spricht viel für die Richtigkeit des Modelles (s.a. ZEESE 1989; 1992a).

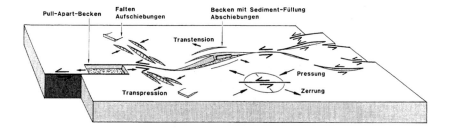

Fig.48: Transformstörung im Blockbild mit Aufreißbecken, Transpressionsstrukturen, Transtensionsbecken und Verformungsellipse (aus: FRISCH & LOESCHKE 1993)

Ein anderer weit verbreiteter Stufentyp in Nigeria ist die Resistenzstufe (Fig.45 C). Resistenzstufen zeichnen mit ihrem Stufenfuß die Gesteinsgrenze zwischen Gesteinen deutlich unterschiedlicher Widerständigkeit nach. Die Stufen fallen mit dem Auftreten massiger, tektonisch wenig beanspruchter Intrusivgesteine in der Gruppe der "Jüngeren Granite" zusammen. In Landsat-Aufnahmen sind zudem vereinzelt Steilstufen auszumachen, die Resistenzstufen in Älteren Graniten sein könnten. Den Stufenhang bilden entweder Residualblockhänge mit Einzelblöcken, die weit über 100 m^3 groß sein können oder der massige Fels. Die Steilhänge sind bis auf wenige Nischen weitgehend regolithfrei. Die Stufen sind unzertalt, wenn man die freigespülten Klüfte abrechnet. Fels-Steilstufen können unter 100 Meter hoch sein, zum Beispiel im Nordostteil der Karte 1 (Pos. U) zwischen Magama und Panshanu. Sie können jedoch auch über 500 m relative Höhe überwinden wie am Westrand des Jos-Plateaus bei N 9°08'; E 8°46' (Fig.49; Fig.50).

Interpretation von Ausschnitt aus SLAR-Mosaik NC 32-10

Legende

1 Tiefgründig verwitterte Rumpfebene des Jos-Plateaus, teilweise mit miozäner und jüngerer Basaltüberdeckung

2 Rumpffläche mit Ferricret-Tafelbergen und Inselbergen

3 Intramontanes Becken mit Basaltdecke und Ferricret-Tafelbergen

4 Intramontanes Becken, zertalte Rumpffläche

5 Bergland in panafrikanischem Grundgebirge (Granite, Gneise, sonstige Metamorphite); Flächenreste, Einzelberge und kluftangepaßte Täler

Fig.49: SLAR und Interpretation Westrand Jos-Plateau

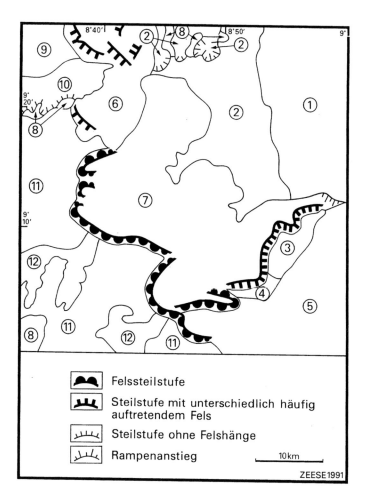

6 Bergland in älteren Graniten; Flächenreste, ausgeprägte kluftangepaßte Täler, Steilstufen (Bruch- und Bruchlinienstufen)

7 Bergland in "Jüngeren Graniten"; Einzelbergscharung, Flächenreste und Ferricret-Tafelberge

8 Hügelland in unterschiedlichen Gesteinen (Granite, Gneise, sonstige Metamorphite)

9 Vorlandrumpffläche mit Basaltüberdeckung (undatiert)

10 Tiefgründig verwitterte Vorlandrumpfebene

11 Zertalte Vorlandrumpffläche

12 Stark zertalte Stufe, teilweise zu Hügeln aufgelöst

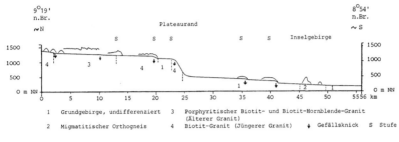

| 1 | Grundgebirge, undifferenziert | 3 | Porphyritischer Biotit- und Biotit-Hornblende-Granit (Älterer Granit) |
| 2 | Migmatitischer Orthogneis | 4 | Biotit-Granit (Jüngerer Granit) | ↓ Gefällsknick S Stufe |

Südwestrand des Jos-Plateaus. Längsprofil des (Kurra-) Farin-Ruwa-Flusses mit begleitenden Höhen

Fig.50: Längsprofil des Farin Ruwa-Flusses. Der Fluß verläßt das Plateau über eine Resistenzstufe. Gefällsstrecken im Vorland sind nicht erkennbar gesteinsabhängig und wahrscheinlich auf junge Dislokationen zurückzuführen.

Im nördlichen Jos-Plateau läßt sich westlich von Jos die Entstehung einer Resistenzstufe zeitlich einordnen. Dort sind in den südlichen Rukuba-Bergen (Fig.51), die über den Delimi zum Tschadbecken entwässern, Reste einer tiefgründig verwitterten Rumpfebene erhalten. Deren Rand ist teilweise durch Ferricret-Stufen markiert. Die Ferricret-Bildung ist jünger als ein 34,7 Ma alter Basalt, der eine ehemalige Tiefenlinie verfüllt hat (Fig.52). Reste des Basaltes überdecken einen Sandstein, in dem durch absolute Anreicherung im Grundwasserstrom ein massiger bis laminarer Ferricret gebildet wurde. Der eisenschüssige Sandstein ist dem unteren Abschnitt der FVS zuzurechnen (Profil 0 in Fig.25). Heute schützt der Basalt den stark korrodierten Sand vor der Abtragung und bildet kleine Tafelberge.

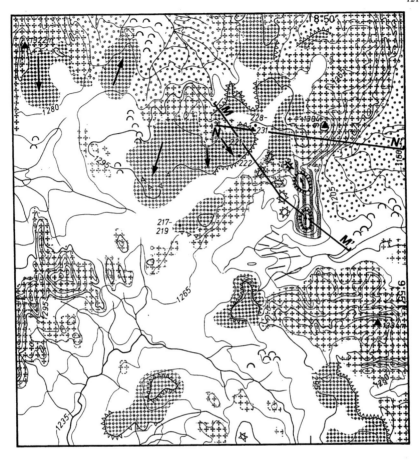

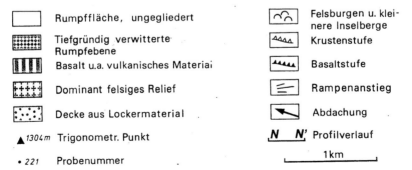

Fig.51: Geomorphologische Skizze der südlichen Rukuba-Berge

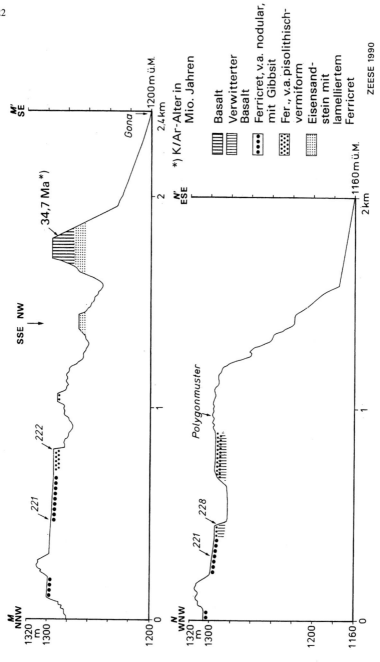

Fig.52: Profile durch die Rukuba-Berge

Außerdem werden die Rukuba-Berge nach Osten von einer bis 150 m hohen Resistenzstufe aus "Jüngeren Graniten" begrenzt. Die Resistenzstufe kann frühestens nach der Lieferung des vulkanischen Gesteins freigelegt worden sein, da der Glutfluß sonst die Stufe hinuntergeflossen wäre. Der Glutfluß dämmte ein SW-NE orientiertes Tal ab, das nachfolgend mit lateritischem, überwiegend grobklastischem Material (LDF) verfüllt wurde. Seit wenigen Jahren ist die verfüllte Talflanke in einem Aufschluß, der von BECKER (1989) untersucht wurde, aufgeschlossen. Die LDF wurde durch eine ferrallitische Verwitterung überprägt, die im Grundwasserschwankungsbereich eine weitere Fe- und Al-Anreicherung bewirkte (BECKER 1989), woraus sich eine Kruste bilden konnte. Deshalb ist wahrscheinlich, daß die Freilegung durch selektive Abtragung sogar erst nach Ausbildung des durch einen Ferricret abgeschlossenen Verwitterungsprofiles erfolgte, das in morphologisch tiefer Position spätestens im Miozän entstanden war (Kap.6.1.2.2). Das heißt, seit dem Oligozän/Miozän wurden die Resistenzstufe freigelegt, der unverwitterte Basaltrest und Teile der Ferricretfläche in Reliefumkehr zum Tafelberg umgestaltet, während im Schutz der Resistenzstufe die miozäne Landoberfläche in großen Teilen erhalten blieb. Bei einer maximalen Stufenhöhe von rund 150 m und einem zur Verfügung stehenden Zeitraum von 15 x 10^6 (geschätztes Mindestalter seit Entstehung des Ferricret) bis 30 x 10^6 (Basaltalter=Maximalalter) Jahren ergeben sich Abtragungsbeträge von 10 bzw. 5 m/10^6 Jahren an dieser im Jos-Plateau in Wasserscheidennähe gebildeten Stufe. Eine Stufenrückverlegung im resistenten Granit fand nicht statt. Die Schrägfläche am Ostfuß der Rukuba-Berge ist somit als Parapediment anzusehen.

Neben Stufen, die problemlos den Dislokationsstufen oder den Resistenzstufen zugeordnet werden können, gibt es Stufen, bei denen das nicht richtig gelingen will. Bei manchen der Stufen gewinnt man den Eindruck, daß sie stärker skulpturell überprägte Formen darstellen. Da sie noch nicht genau untersucht sind, sollen sie nicht weiter vorgestellt werden. Auch kann der Unterschied zwischen Struktur- und Skulpturformen weit deutlicher am Beispiel der Bergformen gezeigt werden.

7.3 Abtragungsvollformen

Die vielgestaltigen Abtragungsvollformen unterschiedlichster Größe reichen in Nigeria vom wenige Dezimeter hohen Felshöcker bis zum über 1 000 m aufragenden Gebirgsstock. Zwischen den rundum von einer Fläche umgebenen, vereinzelt oder in Gruppen auftretenden *Inselbergen* (BORNHARDT 1900) und *Inselgebirgen* (JESSEN 1936) und den *Rumpfbergländern* (SPÖNEMANN 1974) finden sich die verschiedensten Übergangsformen. Sie sind nicht auf das Grundgebirge beschränkt, sondern können auch in kieselig gebundenen Sandsteinen auftreten.

7.3.1 Inselberge

In den riesigen Rumpfflächenarealen Nigerias sind die *Inselberge* die einzigen auffälligen Erhebungen. Sie sind entweder nacktfelsig, enthalten eine blockige Überdeckung oder sind vollständig aus Blöcken aufgebaut. Nacktfelsige Inselberge überragen als Schildinselberge, Felsdome, Walrücken oder vielgestaltige mehrgipflige Gebilde die tiefgründig verwitterten Rumpfebenen. Die vielgestaltigen Inselberge weisen prallkonvexe wie auch flache Formenelemente auf, in die Depressionen eingearbeitet sein können. Viele der prallkonvexen Formen sind azonale Inselberge (zum Begriff KAYSER 1949, 1957). Als Aufsitzer-Inselberge (BREMER 1971) können Einzelberge am Außensaum einer höheren Fläche den Stufenrand überragen oder sich markant aus Bergländern erheben.

Im Grundgebirge Nigerias bestehen die meisten azonalen Inselberge aus Graniten, weniger aus Orthogneisen (TRUSWELL & COPE 1963 für den Raum Zaria; JEJE 1973 für Südwestnigeria). Ihre Form und ihr Verteilungsmuster sind kluftnetzabhängig (THOMAS 1967; 1974; 1978; MOEYERSONS 1977). Noch deutlicher wird die strukturelle Anpassung bei zonalen Inselbergen wie zum Beispiel in der Fortsetzung des Solli-Berglandes (Fig.53), wo die prallkonvexen Bergformen in Streichrichtung der Panafrikanischen Orogenese orientiert sind.

Fig.53: SLAR Solli-Bergland nördlich der Kwandonkaya-Berge (eingenordet). Inselberg- und Inselgebirgsscharung in Älteren Graniten im Streichen der panafrikanischen Faltung. Ausschnitt aus Mosaik NC 32-7; Abtastrichtung nach N.

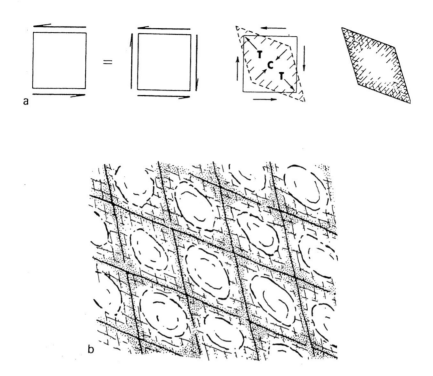

Fig.54: (aus: TWIDALE 1981) a) Verformung eines Würfels durch Scherspannung; T-Dehnung, C-Pressung. b) Ergebnis umfassender Verformung mit zahlreichen gelängten Kernen, die von engständigen Brüchen umgeben sind. Aus der orogenen Beanspruchung von Graniten erklärt sich die weitständige Scharung von Dombergen (siehe zum Vergleich Fig.53).

Seit längerem ist bekannt, daß in Nigeria Ältere Granite bevorzugt prallkonvexe Inselberge (Walfischrücken und Domberge) aufbauen. In den "Jüngeren Graniten" dagegen treten vor allem blockige Formen auf (THOMAS 1974) und Domberge sind äußerst selten. Auch hier ist zunächst an das unterschiedliche Kluftnetz als Erklärung zu denken. So bleiben nach TWIDALE (1981) bei einem Granit, der in eine Faltung einbezogen wurde, nur begrenzte Kernbereiche kluftfrei (Fig.54). Abhängig von der Kernerhaltung wären Domform und weite Abstände der Inselberge danach in den Älteren Graniten endogen vorgegeben. Für die Vorstellung, daß "Glockenberge im immerfeuchten Klima entstehen, Blockinselberge eher für das trocknere Klima charakteristisch sind" (BREMER 1981b, 209) konnten keine Belege gefunden werden. Vielmehr gilt, daß mit Zunahme von Niederschlagsdauer und -intensität bei ansonsten vergleichbaren Bedingungen Bergformen mehr und mehr von einer Verwitterungsdecke umkleidet und von Vegetation bedeckt sind. "Halborangen", das heißt von Saprolit vollständig ummantelte Bergformen mit einem Kern aus frischem, oft von Wollsäcken umgebenen Gestein, wird man dagegen in Trockenklimaten vergeblich suchen. Aus der großräumigen Erfassung der Formen in Zentralnigeria wird erkennbar, daß in Arealen, die in Fortsetzung transatlantischer Störungen liegen, ausgeprägte Domformen nur untergeordnet auftreten. Zonale Inselberge und kleinere Inselgebirge am Südfuß des Jos-Plateaus und in der vom Wase-Fluß durchquerten nördlichen Ausbuchtung des Benue-Tieflandes südöstlich des Jos-Plateaus (Fig.46) sind aus Metamorphiten gebildet worden. Südöstlich des Jos-Plateaus sind es am Wase-Fluß tafelbergähnliche, am Südfuß des Jos-Plateaus pyramidenartige Bergformen mit schuttüberdeckten Hängen. In beiden Fällen kann die Form aus dem Beanspruchungsgefüge erklärt werden. Besonders deutlich wird es bei den tafelbergähnlichen Formen, die auf subhorizontale Schieferungsflächen zurückzuführen sind. Da auch Domformen zumindest strukturangepaßt und auf kluftarme Kristallingesteine beschränkt sind, lassen sich für Nigeria die Ergebnisse von BRUNNER (1968; 1977) aus Indien bestätigen, wonach die Inselbergformen lithofaziell bedingt sind.

Allerdings nimmt bei vielen Einzelbergen der Grundriß erheblich weniger Fläche ein als die Verbreitung des Gesteins, aus dem der Berg aufgebaut ist. Das mag ebenfalls lithofazielle Gründe haben. Diese erklären jedoch nicht den "klassischen" Inselberg, der sich unvermittelt aus einer weiten Rumpfebene erhebt.

Die Abstände der prallkonvexen Bergformen in den Bergländern sind weit enger als in tiefgründig verwitterten Rumpfebenen, wo ein einzelner Domberg über viele Quadratkilometer oft die einzige Erhebung darstellen kann. Allein aus endogenen Strukturen ist dies schwer zu begründen. Es scheint noch eine zusätzliche Erklärung für das Phänomen der Vereinzelung notwendig. Da sie als azonale Inselberge vor allem in tiefgründig verwitterten Rumpfebenen auftreten, ist ein Zusammenhang mit der oft lateritischen Verwitterung anzunehmen. Lateritisierung heißt langanhaltende Tiefenverwitterung und Bildung mächtiger Saprolite, die bei minimaler subaerischer Abtragung auf den Ebenen im Extremfall über Jahrmillionen andauern kann. In derartigen Zeitabschnitten ist es wohl zum Verschwinden der meisten Vollformen gekommen. Geländebefunde wie die Blockummantelung der Unterhänge mancher Dominselberge (Tafel 8/2), die als Rest einer ehemaligen Verwitterungsschürze gedeutet werden darf, die gelegentlich nahezu senkrechten Wände von Felsbergen oder die von TWIDALE (z.B. 1982) beschriebenen Wave Rocks sprechen dafür, daß dabei Nivelation i. S. v. BÜDEL (1986) vor allem durch Korrosionsprozesse (=Silikatkarst) eine Rolle spielte. Aber selbst für extrem vereinzelte Berge kann, vor allem wenn sie sehr hoch sind, nicht ausgeschlossen werden, daß dies durch die Konfiguration des batholithischen Intrusionskörpers und seiner Apophysen mitbedingt ist. Das Prinzip des Divergierens von Verwitterung und Abtragung, das BREMER (1971) als Erklärung anführt, reicht jedenfalls nicht aus, um das inselhafte Auftreten zu begründen. Es macht weit mehr die Entstehung von engständigen Inselberggruppen, Inselbergirgen, Bergländern und aufgezwängten Durchbruchstälern, die durch Inselgebirge führen (Pos.Y in Karte 1), verständlich. Inselgebirge sind Reliefformen, die aus der zunehmenden Freilegung des anstehenden Gesteines auf Kosten einer Fläche resultieren.

7.3.2 Inselgebirge

Inselgebirge sind Oberflächenformen, bei denen allein aus ihrer bedeutenden Höhe der Schluß erlaubt ist, daß zu ihrer Entstehung viel Zeit benötigt wird. In Nigeria können Strukturinselgebirge, Skulpturinselgebirge und Mischformen ermittelt werden (Fig.55). Daneben gibt es Inselgebirgsformen, bei denen eine klare Zuordnung nicht gelingt.

A = Strukturform

B = Form mit strukturabhängigen Flanken und Kappungsfläche mit Felskuppen

C = Skulpturform

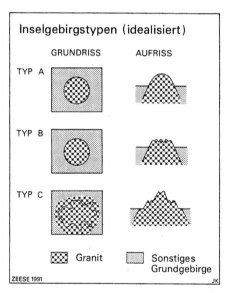

Fig.55: Inselgebirgstypen in Nigeria.

Als *Strukturinselgebirge* (Fig.55 A) werden massige Erhebungen aus "Jüngeren Graniten" angesehen, die ohne deutlich herausragende Einzelberge, ohne tiefgreifende Zertalung und ohne Stockwerkbau sind. Ihr Fuß ist identisch oder nahezu identisch mit einer Gesteinsgrenze. Als Beispiel dafür mag der über 700 m hohe Zaranda-Berg westlich von Bauchi dienen (Tafel 8/3). Wahrscheinlich weicht der heutige Gesteinskörper nicht wesentlich von der Form des Intrusionskörpers ab, der aus dem ehemals umgebenden, weniger widerständigen Gestein freigelegt wurde.

Skulpturinselgebirge (Fig.55 C) bilden Erhebungen mit Stockwerkbau, Einzelbergen und Depressionen, bei denen Fuß des Inselgebirges und Gesteinsgrenze nicht zusammenfallen (Fig.56).

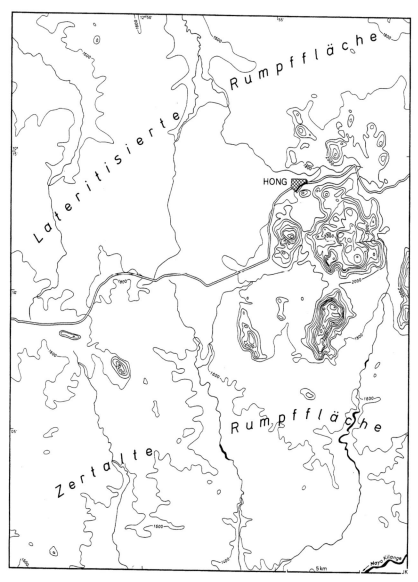

A. Kartenausschnitt (nach TK 50 Nigeria, Nr. 155 SE, Garkida)

Fig.56. Aufgebaut werden sie von weitständig geklüfteten Massengesteinen, vor allem Graniten.

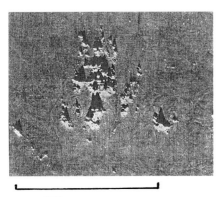

25 km

B. SLAR-Mosaik, Abtastrichtung nach N

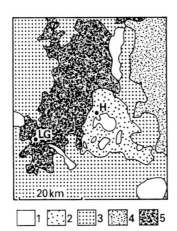

C. Böden (nach Karten des LRDC)
1. Fels und Lithosole
2. Cambisole auf Aufschüttungen
3. Cambisole und Luvisole auf Grundgebirge und Flußablagerungen
4. Luvisole und Acrisole
5. Acrisole (und reliktische Ferralsole ?) mit Ferricret
H = Hong; LG = Little Gombi

Inselgebirge mit strukturangepaßten Flanken (Fig.55 B) werden repräsentiert durch Erhebungen mit Fels-Steilhängen im unteren Teil, deren Fuß sich an Lithofaziesgrenzen hält. Die höheren, wesentlich flacheren Teile dieser Berge dagegen setzen sich zusammen aus Flächenresten, unterschiedlich gescharten Einzelbergen (Fig.57), sowie gelegentlich allseits geschlossenen Depressionen verschiedener Größe. In Depressionen und intramontanen Becken sind oft Verwitterungsreste erhalten. Mächtigere Verwitterungsprofile sind auf regional gescharte Ferricrettafelberge beschränkt.

Die höchsten Erhebungen können bis über 900 m über die tiefste Position des Inselgebirgsfußes aufsteigen. Bei diesem Typ ist der Steilabfall strukturell vorgezeichnet, während für das darüberliegende Kappungsrelief eine starke exogene (skulpturelle) Überprägung anzunehmen ist. Die Strukturinselgebirge mit skulpturellem Oberbau sind im Grundgebirge vor allem in "Jüngeren Graniten" und Älteren Graniten ausgebildet. Strukturinselgebirge treten vor allem in einem Gebiet auf, das zwischen der Romanche-Störung und der Chain-Störung liegt.

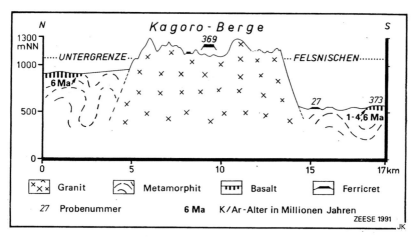

Fig.57: Vereinfachter Profilschnitt durch die Kagoro-Berge

Skulpturinselgebirge sind besonders auffällig in der Uba-Rumpffläche, am Südostrand der Benue-Rumpffläche und am Nordrand der Bauchi-Rumpffläche (zur Orientierung s. Fig.7). Der Bunga-Fluß, dessen Hauptquellast, der Delimi, aus dem Jos-Plateau kommt, quert auf seinem Weg zum Tschad-Becken eine Gruppe jurassischer Intrusionskörper ("Jüngere Granite"). Der Ausschnitt eines SLAR-Mosaiks (Fig.58) läßt in der Südwestecke Skulpturinselgebirge erkennen, bei denen randlich die umgebende Rumpfebene eingreift und die Granite und Vulkanite teilweise kappt. Im Nordostteil der Darstellung, nahe zum Deckgebirge, steigen lediglich Inselberge und kleinere Skulpturinselgebirge mit einer relativen Höhe von weniger als

300 m aus einer tiefgründig verwitterten Rumpfebene heraus, die den größten Teil des Subvulkanes kappt. Im unteren Bilddrittel ist östlich des Bunga zu erkennen, wie durch seine Nebenflüsse derzeit über einem Intrusionskörper ("Jüngere Granite") die Verwitterungsdecke abgeräumt wird. Im Westteil des Intrusionskörpers ist dadurch eine Rumpffläche mit teilweise freigelegten Felskuppen entstanden.

Die kuppig unruhigen höheren Teile von Inselgebirgsformen wie den Kagoro-Bergen (Fig.57) können als Weiterentwicklung solcher Felskuppen verstanden werden, vor allem, wenn die alte Verwitterungsdecke in Teilen noch erhalten ist. In den Kagoro-Bergen sind es Reste der ins Oligo/Miozän zu stellenden FVS. Die Kagoro-Berge zeigen, wie in der Frühphase der Umgestaltung mit der Entblößung der Kuppen in den Rand des Intrusionskörpers noch Felsnischen eingearbeitet wurden. Danach wurde der Batholith ohne skulpturelle Überprägung freigelegt. Durch die Ferricrettafelberge der FVS ist fast im Gipfelniveau eine Zeitmarke gesetzt.

Weitere Zeitmarken liefern Basalte auf der Kaduna-Rumpffläche und auf der Jema'a-Rumpffläche. Der Basalt auf der Kaduna-Rumpffläche ist mit 6 MA datiert (AMDEL), der Basalt auf der Jema'a-Rumpffläche stammt vom Jos-Plateau, wo die Datierungen zwischen 4,5 Ma (RUNDLE 1975; 1976) und 1 Ma (AMDEL) liegen. Das heißt, die Flächen erfuhren seit dem Oberpliozän keine bedeutende Abtragung, während der Intrusionskörper freigelegt wurde. Nach Norden entstand eine Resistenzsteilstufe von 300 m relativer Höhe, nach Süden sind es sogar maximal über 600 m. Das läßt sich nicht ohne langanhaltende Hebung beerkstelligen. Westlich der Kagoro-Berge trennt eine Dislokationsstufe Kaduna-Rumpffläche und Jema'a-Rumpffläche . Deshalb ist der erste Abschnitt der Freilegung des Inselgebirges wohl älter als diese Stufe. Möglicherweise erfolgte die Heraushebung in Bruchschollen, wobei die jurassischen Granite aufgrund ihrer geringeren Dichte stärker gehoben wurden.

7.3.3 Rumpfbergländer

Die Kagoro-Berge sind eigentlich nicht mehr als Inselgebirge im strengen Sinn anzusehen, da sie nur nach Norden und Süden von Rupfflächen umgeben sind, während nach Westen eine Dislokationsstufe, nach Osten zum Jos-Plateau hin ein Rumpfbergland anschließen. Außerdem sind sie asymmetrisch gestaltet, denn der Gebirgsfuß liegt im Norden rund 300 m höher als im Süden. Damit zeigen sie recht deutlich die Grenzen jeder typologischen Gruppierung. Rumpfbergländer können nach vergleichbaren Unterscheidungskriterien wie die Inselgebirge gegliedert werden. Viele Rumpfbergländer werden von Störungen gequert. Sowohl Blattverschiebungen als auch Vertikalversätze sind in geologischen Karten verzeichnet und lassen sich morphologisch nachweisen.

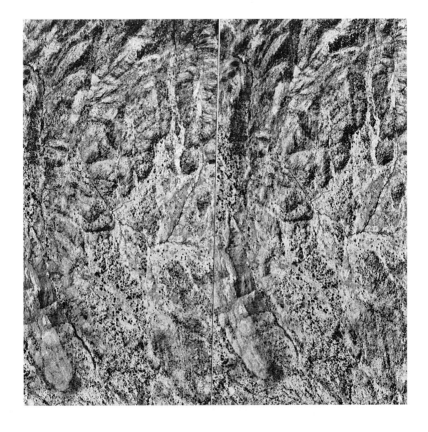

Fig.59: Stereogramm: Geschlossene Depression im Bergland ESE Pankshin

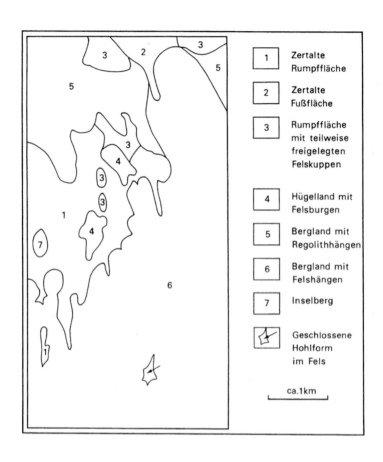

Fig.60: Stereogramm. Zirkusschluß östlich von Jos (Nordrand des Jos-Plateaus). Aufzehrung der tiefgründig verwitterten Rumpfebene des Jos-Plateaus durch rückschreitende Abtragung in Zirkusschlüssen und Ausweitung des Rumpfberglandes mit Aufsitzer- Inselbergen. Andere Rumpfflächentypen treten hier als schmale Säume auf.

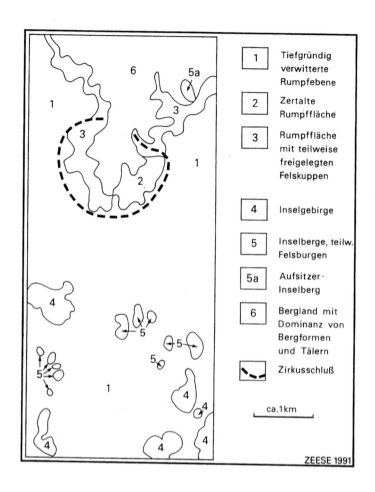

Ein asymmetrischer Aufriß wie in den Kagoro-Begren ist, wenn auch nicht immer so ausgeprägt, für viele Rumpfbergländer typisch. Besonders auffällig ist die Asymmetrie an der Südostflanke des Gongola-Beckens und in der Umrahmung des Jos-Plateaus. Dort sind zum Vorland Resistenzstufen entwickelt. Zur hochgelegenen tiefgründig verwitterten Rumpfebene dagegen sind weit stärker skulpturell geprägte Formen zu beobachten. Manchmal ist zu erkennen, daß die Scharung der Bergformen im Bergland zur höheren Fläche hin durch weitständige Einzelberge abgelöst wird (Fig.49).

Im Erosionschutz der massigen Gesteinskörper war in der gehobenen Scholle die Umgestaltung der Vorformen anders und die Abtragung war geringer als an der versteilten Außenflanke.

In den Bergländern treten allseits geschlossene Depressionen auf. Die im Einzelfall bis 30 m tiefen Hohlformen im Fels sind entweder von zahlreichen höheren Erhebungen umgeben (Fig.59) oder liegen innerhalb von Felsflächen (Karte 1; s. dazu auch THORP 1967a). Ihre Entwässerung erfolgt über offene Klüfte, ihre Anlage ist an Kluftkreuzungen angelehnt oder zeichnet Gesteinsunterschiede nach (THORP 1967a; 1967c). Ihr gehäuftes Auftreten am Außenrand des Plateaus macht wahrscheinlich, daß sie in morphologisch hoher Position durch Lösungsverwitterung infolge kräftiger deszendenter Wasserbewegung entstanden. Es handelt sich somit um Formen des Silikatkarstes, wie sie zunehmend von alten Landoberflächen beschrieben werden (THORBECKE 1951; WIRTHMANN 1965; 1970; 1983; BREMER 1972; WOPFNER 1978; BUSCHE & ERBE 1987; BUSCHE & SPONHOLZ 1988; TWIDALE 1988; SPONHOLZ 1989; FILIZOLA & BOULET 1993).

Das bedeutet: Zur tieferen Fläche hin dominiert die strukturell gesteuerte Abtragung, zur höheren Fläche hin, aber auch im Bergland selbst, ist das Relief stark skulpturell betont. Manche Bergländer werden von steilhängigen Tälern gequert (Karte 1, z.B. Shere-Berge), die durch *Linienspülung* (BÜDEL 1977,187) in stark geklüfteten Gesteinspartien zu erklären sind. Ihre Anfänge in der tiefgründig verwitterten Hochebene sind durch *Zirkusschlüsse* (Fig.60; Tafel 8/4) gekennzeichnet. Das sind halbkreisförmige bis nahezu kreisrunde Erosionsformen, deren Außenrand durch Krustenstufen markiert sein kann (Karte 1, Pos.D). In den Zirkusschlüssen ist eine engständige Zerschneidung zu beobachten. Oft ist ein kleinkuppiges Felsrelief in unterschiedlichem Maße freigelegt. Auch prallkonvexe Formen treten in dichter Scharung auf (Tafel 8/4), die sich als wenig umgestaltete Verwitterungsbasis erklären lassen.

Entfernt man sich von den Zirkusschlüssen ins Bergland, dann werden die kluftangepaßten Linientäler tiefer. Zwischen den Tälern liegen entweder Flachformen mit unregelmäßigem Felsrelief und Flecken von Saprolit, oder eine Vielzahl von Bergformen, von denen manche ein einheitliches Gipfelniveau aufweisen, bildet das Bergland (Karte 1). Bergformen, die manchmal noch deutlich als ehemalige Aufsitzer-Inselberge angesprochen werden können (Fig.60; Karte 1, dort v.a. Shere-Berge), machen klar, daß Rumpfbergländer ihren Namen zu

Recht tragen. Es sind extrem stark umgestaltete Teile einer ehemaligen Rumpfflächen- und Inselberglandschaft. Hauptursache ihrer Umgestaltung ist eine starke Hebung.

7.4 Oberflächenformen in Zentral- und Nordostnigeria - Formenvielfalt in einer mobilen Schildregion

Die Differenzierung der Rumpfflächen-, Stufen- und Bergformen läßt ein Verteilungsmuster erkennen, das durch Gesteinsunterschiede, durch unterschiedlich starke jüngere Bewegungen der Erdkruste im Bereich des zentralnigerianischen Schildes und seiner umrahmenden Becken, aber auch durch unterschiedlich starke skulpturelle Überprägung des Reliefs erklärt werden kann.

Nur bei extrem geringem Gefälle der Flüsse, sehr geringen Hangneigungen und damit insgesamt minimaler Abdachung treten tiefgründig verwitterte Rumpfebenen auf, die alle Gesteine überziehen. Sie werden sehr vereinzelt von meist prallkonvexen Inselbergformen aus kluftarmen Kristallingesteinen überragt. Die tiefgründige Saprolitisierung der Ebenen und ihre Ausweitung durch Korrosion lief wohl bevorzugt unter feuchtklimatischen Bedingungen und bei extrem reduzierten Krustenbewegungen ab. Tiefgründig verwitterte Rumpfebenen erfuhren keine nennenswerte Abdachungsänderung durch jüngere Krustenbewegungen. Für Abtragungsprozesse sind sie deshalb energetisch unterversorgt und konnten über Jahrmillionen ohne wesentliche Formveränderung überdauern.

Flachgründig verwitterte Rumpfebenen haben bei ebenfalls sehr geringer Abdachung etwas stärkere Hangneigungen. Da sie in Gesteinen angelegt sind, die der Aufbereitung durch Verwitterungsprozesse wenig Widerstand entgegensetzen, war noch im Quartär eine insgesamt flächenhaft wirksame Abtragung möglich, während resistente Partien zu Bergformen umgestaltet wurden.

Rumpfflächen mit teilweise freigelegten Felskuppen bilden ein Übergangsstadium zwischen tiefgründig verwitterten Rumpfebenen und Felsflächen mit Felskuppen. Der Unterschied zwischen Felsflächen und Felskuppen beruht augenscheinlich auf der unterschiedlichen Massigkeit und Klüftung des resistenten Gesteins.

Zertalte Rumpfflächen sind in wenig widerständigen Gesteinen wie Metasedimenten, aber auch über tiefgründig verwitterten Gesteinen größerer Resistenz (z.B. Graniten) entwickelt.

In den unruhiger gestalteten Rumpfflächen beweisen Ferricretreste, die auf Tafelbergen manchmal bis 80 m mächtige Verwitterungsprofile in ihrem Liegenden vor der Abtragung schützen, die einst größere Ausdehnung einer tiefgründig verwitterten Rumpfebene. Als Begründung für die Umgestaltung der Landschaft muß vor allem eine Veränderung der Abdachung durch Krustenbewegungen angenommen werden.

Ein wesentliches Ergebnis junger Krustenbewegungen sind Rampenanstiege. Dank der stärkeren Abdachung erfolgt in den Rampenanstiegen rasche Abtragung. Folge davon ist zum einen die Ausweitung des formungsaktiven Areals auf Kosten der höheren Ebene, zum anderen die Freilegung widerständiger Gesteinspartien. Weit deutlicher als in den Beispielen aus dem Grundgebirge wird dies am Ost- und Südrand der Kerri-Kerri-Schichten, die zum Gongola- und Benue-Tiefland größtenteils von Rampenanstiegen begrenzt werden (Fig.7). Begrabene, etwas widerständigere Kreideschichten werden exhumiert (Fig.43) und Ferricretbildungen geben Anlaß zur Schichtstufenentwicklung.

Am Fuß von Schichtstufen und Resistenzstufen sind Fußflächen ausgebildet. Fußflächen an Schichtstufen erfahren eine Ausweitung durch Pedimentation, Fußflächen an Resistenzstufen werden durch Parapedimentation in der Summation der Effekte flächenhaft tiefergelegt, sofern der Hebungsimpuls nicht zu stark ist und eine Zertalung bewirkt. Außerdem kann man bei den Fußflächen unterscheiden zwischen Abtragungs- und Ausgleichsformen: Geradlinige bis schwach konvexe Fußflächen sind Abtragungsflächen. Schwach konkave Fußflächen bestehen aus Abtragungs- und Aufschüttungsteilflächen. Es sind deshalb Ausgleichsflächen.

An den Fußflächen Zentral- und Nordnigerias läßt sich zudem deutlich machen, daß deren Entwicklung im Quartär aus der Summation wechselnder Einflüsse unterschiedlicher Formungsstile zu erklären ist: Formen- und Substratanalyse zeigen, daß lineare Zerschneidung, stärker flächenhaft wirksame Abtragung und Stabilitätszeiten mit Bodenbildung mehrfach wechselten (s.a. ROHDENBURG 1969; 1970a; 1970b).

Stufen sind ebenfalls Folgen positiver Krustenbewegungen, die jedoch unterschiedlich weit zurückliegen können. Unterscheiden lassen sich erdgeschichtlich junge Dislokationsstufen, deren Form vor allem aus der Bewegung, weniger aus der Lithofazies resultiert und Resistenzstufen, deren Fuß durch eine Gesteinsgrenze markiert ist. Bei sehr hohen Resistenzstufen ist mit einer langen Zeitdauer ihrer Freilegung zu rechnen. Der bajonettartig versetzte Verlauf der SW-NE orientierten Dislokationsstufen westlich, südwestlich und südöstlich des Jos-Plateaus (Fig.46) wird durch Blattverschiebungen entlang reaktivierter kontinentaler Transformstörungen erklärt.

In den durch Dislokationsstufen gekennzeichneten Störungsfeldern treten bevorzugt strukturangepaßte Inselberge, Inselgebirge und Rumpfbergländer auf. Stark skulpturell überprägte Inselberge und Inselgebirge sind in tiefgründig verwitterten Rumpfebenen die einzigen Erhebungen. An der Reduktion des Reliefs auf wenige Härtlinge war langanhaltender Lösungsabtrag (Korrosion) beteiligt. Die Erhaltung der azonalen Bergformen ist auf die Kluftarmut und morphologische Härte, die prallkonvexe Form auf strukturelle Vorprägung zurückzuführen.

In Rumpfbergländern werden in der Verwitterungsdecke gebildete Felskuppen und Depressionen freigelegt und zu Berglandformen umgestaltet. Die Umgestaltung folgt dem Strukturmuster der Klüfte, die durch Linienspülung vertieft werden. Die Aufzehrung einer gehobenen tiefgründig verwitterten Rumpfebene erfolgt bevorzugt an Zirkusschlüssen. Das Ausmaß der Umgestaltung wird neben Art und Geschwindigkeit der Hebung ganz wesentlich von der Lithofazies beeinflußt. Massige, kluftarme Gesteine schützen die Hochscholle vor der Abtragung, so daß asymmetrische Bergländer entstehen.

Aus der Formenanalyse wird ersichtlich, daß die ausgeprägtesten Skulpturformen in den ansonsten flachsten Landschaftsteilen, den tiefgründig verwitterten Rumpfebenen, auftreten. Da diese noch von der tertiären Verwitterungsdecke überzogen sind, können über Jahrmillionen minimale Abtragsleistungen angenommen werden. Resistenzstufen, aber auch Inselberge, Inselgebirge und Rumpfbergländer, sofern sie nahezu ausschließlich aus nacktem Fels bestehen, können ebenfalls nicht allzuviel Material für die Abtragung bereitstellen. Andererseits belegen die Sedimente im Nigerdelta und im Tschadbecken eine hohe Abtragungsleistung, die bei gemittelten 30 m/10^6 Jahren (Kap.5.3) liegt. Als Materiallieferanten sind vor allem die stärker abdachenden Rumpfflächenareale und die Dislokationsstufen anzunehmen.

Wesentliche Elemente der heutigen Landschaft Zentral- und Nordostnigerias können somit nur erklärt werden, wenn man bei der Modellbildung eine tiefgründig verwitterte Rumpfebene als gegebene Vorform, sowie lithofazielle Unterschiede im Untergrund und unterschiedliche Abdachungsveränderungen als Steuerungselemente berücksichtigt.

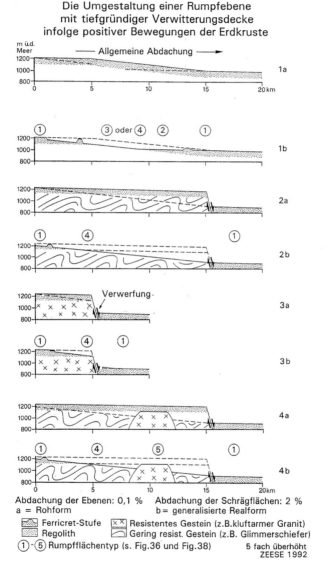

Fig.61: Die Umgestaltung einer Rumpfebene mit tiefgründiger Verwitterungsdecke infolge positiver Bewegungen der Erdkruste (Modell)

"Probably the average geological status of continental regions is one of low relief and slow erosion, or of shallow marine submergence and slow accumulation of sediments. Our present relief is phantastically diverse by comparison."
Arthur L. Bloom (1978): Geomorphology, S.8.

8. Modell zur Umgestaltung von Rumpfebenen als Folge von Abdachungsverstärkungen.

Bei der Entwicklung eines eigenen Modelles zur Erklärung der Formenvielfalt in Zentral- und Nordostnigeria wurde als Erbe der mesozoisch/alttertiären Entwicklung eine Ebene angenommen, die sich über tiefgründig verwitterte Gesteine als Kappungsebene erstreckte. Aus Gründen der Vereinfachung wurden weder die für Alttertiär und Mesozoikum nachgewiesenen Härtlings-Bergformen noch die vorstellbaren paläogenen Resistenzstufen berücksichtigt. Die Rauhheit der Verwitterungsbasis wurde ebenfalls vernachlässigt und eine gemittelte Mächtigkeit der Verwitterungsdecke von 100 m eingesetzt, die in dieser Gleichmäßigkeit sicher nie existiert hat. Im gesamten dargestellten System wurde eine gleichsinnige Abdachung vorausgesetzt. Nachgewiesene Klimaschwankungen wie auch die dargestellte Bruchschollentektonik mit zahlreichen kleineren Verwerfungen und seitlichem Versatz wurden bewußt vernachlässigt, um ein Höchstmaß an Anschaulichkeit zu erreichen. Alle nicht berücksichtigten Variablen lassen sich jedoch problemlos als modifizierende Ergänzungen in das Modell einbauen.

Weiter wurde davon ausgegangen, daß die Abtragung des Regoliths im Quartär in den wechselfeuchten Tropen in der Summation der Effekte flächenhaft wirksam war und die Aufbereitung resistenter Gesteine so langsam erfolgte, daß der Anteil an frischem Gestein in der Reliefsphäre zunahm. Diese Überlegungen stehen in Einklang mit den Geländebefunden, wonach 1. zum Beispiel Granite zwar Abgrusung und Abschilferung zeigen, aber zunehmend freigelegt werden, während in gering resistenten Gesteinen junge Flächen dominieren und 2. quasistationäre Ablagerungen, die älter als Jungpleistozän sind, in weit geringerem Maße erhalten sind als holozäne und jungpleistozäne Sedimentkörper.

Dargestellt wurden lediglich die aus einer Ebene durch Abdachungsänderung gebildete endogene Rohform (= a in Fig.61) sowie eine Möglichkeit der exogenen Realform (= b in Fig.61) als Ergebnis der Abtragungsverstärkung. An Krustenbewegungen wurden zum einen die reine Schollenkippung (Fig.61/1), zum anderen die reine Schollenhebung (Fig.61/2-4) angenommen.

Bei einer Abdachungsänderung von 0,1 auf 2 % (Fig.61/1) bildet die endogene Rohform einen Rampenanstieg. Die Abräumung der Verwitterungsdecke im Rampenanstieg und dessen Ausweitung in die höhere Ebene kann unabhängig vom darunter befindlichen Festgestein rasch ablaufen, solange verwittertes Material zur Verfügung steht. Am Fuß des Rampenanstieges ist eine Ausweitung flacheren Geländes möglich, so daß im theoretischen Ansatz eine nahezu 5 km breite Ebene mit 0,1 % Abdachung entstehen kann, ohne daß dafür eine weitere Gesteinsaufbereitung notwendig wäre. Halbiert man den Betrag der Verkippung, dann verdoppelt sich die Breite der neu gebildeten Abtragungsebene.

Sofern kein resistentes Gestein freigelegt wird, erfolgt mit gebuchtetem Verlauf eine großräumige Ausweitung (=Rückverlegung) des Rampenanstieges zur höheren Ebene. Als Beispiel für einen derartigen Fall kann man den Rampenanstieg nördlich des Jos-Plateaus ansehen (Position K in Karte 1).

Berücksichtigt man, daß in vielen Gesteinen die Verwitterungsbasis sehr unruhig ist, dann ist mit Annäherung an den Rampenanstieg zunehmend die Freilegung frischen Gesteins zu Vollformen unterschiedlichster Größe und Gestalt zu erwarten. Solche Formen müssen vor allem im Rampenanstieg selbst auftreten und ihn zunehmend ersetzen. Dies ist in Teilen der Nordostabdachung des Jos-Plateaus der Fall. Da Abtragung mit Beginn der Verkippung einsetzt und Gesteinsverwitterung während der Krustenbewegungen nicht aussetzt, ist damit zu rechnen, daß die entstehenden Vollformen als Folge von Resistenzunterschieden sehr unterschiedliche relative Höhen erreichen.

Ein Rampenanstieg läßt sich auch vorstellen, wenn von einer Verstellung ausgehend die Abtragungsverstärkung in die sich langsam hebende Scholle hineinwirkt (Fig.61/2). Allerdings ist in Abhängigkeit vom vorgegebenen Gewässernetz ein stärker gebuchteter Verlauf als im Falle einer Kippung zu erwarten (s. dazu auch LOUIS & FISCHER 1979, 360f.). Die Abtragung ist zunächst unabhängig vom anstehenden Gestein. Nach Entfernung der Verwitterungsdecke kann in leicht verwitterbarem Material die Form des Rampenanstieges große Flächen einnehmen und mehrere hundert Höhenmeter überwinden, wie das Beispiel der kaum verfestigten Kerri-Kerri-Schichten zeigt.

In Gesteinen hoher Verwitterungs- und Abtragungsresistenz dagegen (Fig.61/3) führt die Entwicklung zur Ausbildung einer Stufe, von deren Kante eine Schrägfläche zur höheren Ebene führt und an deren Fuß infolge der abrupten Gefällsverminderung bevorzugt Schutt- und Schwemmfächer liegen. Ein Beispiel dafür wären Nordwestrand und Nordwestfuß des Jos-Plateaus nördlich des N'Gell-Flusses. Allerdings ist eine bedeutende, linear scharf abgegrenzte Verstellung in Gesteinen mit großer Zahl an Bewegungsflächen recht unwahrscheinlich.

Liegt die Verstellung selbst in wenig widerständigen Gesteinen, während in geringer Entfernung dazu in der Hochscholle widerständiges Gestein wie zum Beispiel ein Kuppelpluton auftritt (Fig.61/4), dann führt eine Schrägfläche zum Fuß einer den Rand des Plutons nachzeichnenden Resistenzstufe. Ein Beispiel hierfür wäre der Ostfuß der Rukuba-Berge (Fig.51). Allerdings gilt auch hier die Einschränkung, daß die Konstruktion einer einzigen markanten Verwerfung in gering widerständigen Gesteinen unrealistisch ist.

Die Abtragungsfußfläche kann Anschluß an eine Schrägfläche haben, die zur höheren Ebene führt. Dies ist der Fall, sofern die Klüftung des Plutons die Bildung eines Linientales durch das aus seiner Umgebung herauswachsende Bergland ermöglicht hat. Ansonsten greift die Schrägfläche um den Intrusionskörper herum wie am Nordostrand des Jos-Plateaus. Wenn die chemische Verwitterung entlang der Klüfte mit der zunehmenden Freilegung eines Berglandes nicht genügend Material für die Linienspülung bereitstellt, kommt es zu Veränderungen im Gewässernetz. Vor allem kluftarme Intrusionskörper werden dadurch zu Sperren für die Abtragung. Ein Beispiel dafür sind die Kwandonkaya-Berge nordöstlich des Jos-Plateaus (Karte 1). Dort kann über Quarz- und Topasgerölle, die sowohl auf Hochflächenresten als auch in einer SSW-NNE verlaufenden Talung vorkommen (Kap.6.2.3), eine alte Nordentwässerung durch das Bergland angenommen werden. Mit zunehmender Freilegung des Intrusionskörpers erfolgte immer mehr eine Veränderung der Entwässerungsrichtung, so daß gegenwärtig nur noch an einer Stelle (Position Y in Karte 1) ein Liniental mit gleichsinniger Abdachung durch den Intrusionskörper führt. Ansonsten führt die Entwässerung kluftangepaßt nach allen Richtungen aus dem Bergland heraus.

Sicher ist das Modell stark vereinfachend. Vieles spricht jedoch dafür, daß es in der Erdgeschichte lange Zeiträume mit geringer Plattenbewegung und mächtiger Saprolitbildung gab, die von relativ kurzen Abschnitten verstärkter Abtragung abgelöst wurden ("etching and stripping"). Somit ist ein Zweiphasenmodell durchaus gerechtfertigt. Die Zweiphasigkeit, die geochronologisch in die Dimension von Perioden oder zumindest Epochen einzuordnen ist, wird von schwächeren, räumlich wie zeitlich variierenden Oszillationen überlagert.

Das Modell läßt sich in Abstimmung mit den Geländebefunden durch Einbringen der eingangs genannten strukturellen und klimatischen Variablen verfeinern.

"Les récents progrès de la connaissance géomorphologique reposent sur l'épanouissement de l'idée de la discontinuité de la genèse du relief. Son exploitation a conduit à la définition de nouveaux concepts plus conformes aux réalités. Mais, en meme temps que s'affine ainsi notre compréhension des phénomènes, les limites de l'explication géomorphologique se précisent."
Roger Coque (1977): Géomorphologie, S.373f.

9. Zusammenfassung: Endogene und exogene Einwirkungen auf die Landschaft Zentral- und Nordostnigerias

Die Oberflächenformen des festen Landes kann man am besten deuten, wenn man struktur-geomorphologische und klimagenetische Betrachtungsweisen als gleichwertig ansieht. Die Informationen lassen sich über die Formen- und Substratanalyse gewinnen. Dabei erlaubt die Substratanalyse vor allem Aussagen zur paläoklimatischen (exogenen) Steuerung, während die Formenanalyse mehr zur Erschließung strukturell-tektonischer (endogener) Vorgänge geeignet ist. Am Beispiel Nigerias wird erkennbar, daß manche Landschaftselemente auf Auswirkungen endogener und exogener Einflüsse zurückzuführen sind, die zeitlich weit zurückliegen.

9.1 Endogene Einwirkungen auf die Landschaftsentwicklung

Besonders weit zurück lassen sich endogene Einflüsse verfolgen. In Nigeria sind manche Landschaftselemente "Spätfolgen" der panafrikanischen Orogenese. Das Beanspruchungsmuster der Älteren Granite bestimmte Anordnung und Form der daraus gebildeten Inselberge. Auch sind viele Inselgebirge und Bergländer an das Auftreten Älterer Granite gebunden, die, wenn sie durch weitständige Klüftung gekennzeichnet sind, als morphologisch sehr widerständige Gesteine fungieren. Bei manchen Stufen läßt die geradlinige bis leicht geschwungene Grenze zwischen Intrusionskörper und Metamorphiten, die auch den Stufenfuß markiert, die Deutung zu, daß sich altangelegte Verwerfungen morphologisch durchgepaust haben.
Von großer Bedeutung für die Landschaftsgestaltung sind die paläozoisch/mesozoischen Ringkomplexe der "Jüngeren Granite", die näher an der Oberfläche gebildet und tektonisch weniger beansprucht wurden als die Älteren Granite. Die Plutone bilden Versteifungen der Erdkruste. Sie stellen gewissermaßen ein Stützskelett für das heute stark gehobene Jos-Plateau dar, an dessen Außenflanken Resistenzstufen mit zum Teil über 500 m hohen Felssteilhängen zum Vorland führen.
Neben den Gondwana-Elementen sind die Auswirkungen der kreidezeitlichen Bruchtektonik erkennbar, die durch Blattverschiebungen und bedeutende Vertikalversätze gekennzeichnet war. Mit ihr vollzog sich der Zerfall Gondwanas. Von einem Tripelpunkt ausgehend entwickelten sich die beiden Äste des mittelatlantischen Rückens und an einem dritten Ast das Scherbecken des Benuetroges. Das Ausmaß der zeitgleichen Sedimentationsvorgänge in den entstehenden Becken läßt auf außerordentlich formungsaktive Zeitabschnitte zwischen Apt

und Santon (120-85 Ma) schließen, denen am Übergang Kreide/Tertiär relativ ruhige Phasen mit hohen Meeresspiegelständen folgten. Die Scherbewegungen lehnten sich an panafrikanische Strukturelemente an. Ebenso folgte die seit dem Eozän wieder auflebende, seit dem Miozän verstärkte Bruchtektonik oft den krustalen Schwächezonen. Im Grundriß bajonettartig versetzte Stufen, die zwei Ebenen unterschiedlicher Höhe voneinander trennen und die keine Abhängigkeit von stark widerständigen Gesteinen erkennen lassen, werden als neogene Dislokationsstufen interpretiert. Sie werden wie auch das Shemankar-Becken am Südostrand des Jos-Plateaus als Folge der jüngsten bruchtektonischen Ereignisse angesehen, bei denen ebenfalls Horizontalbewegungen vorkamen. Diese Krustendislokationen sind relativ jung, die Wirkung der dadurch ausgelösten verstärkten Abtragung und damit der Stufengrundriß werden jedoch deutlich durch ältere Strukturmuster beeinflußt. Am Rand des Shemankar-Beckens sind solche Bruchstufen nachzuweisen.

Das Hebungszentrum des Jos-Plateaus wird im Norden von der Romanche-, im Süden von der Chain-Störung begrenzt, die als reaktivierte kreidezeitliche kontinentale Transformstörungen interpretiert werden. Unterschiedliche Reaktion der teilweise sehr kompakten jurassischen Intrusionskörper, die blockschollenartig zerbrachen, und des überwiegend leichter verformbaren panafrikanisch gestalteten Untergrundes auf die Bewegungen an einem konservativen Plattenrand lassen sich wahrscheinlich machen. Großräumig wirksame, epirogene junge Aufwölbungen (Jos-Plateau) und Einsattelungen sind ebenfalls anzunehmen.

Im Kontrast zu den Reliefelementen, die eine deutlich jüngere Formenentwicklung durchgemacht haben, stehen die tiefgründig verwitterten Rumpfebenen mit den daraus herausragenden Inselbergen und Inselgebirgen als Skulpturformen mit oft nur schwacher Anlehnung an die strukturelle Vorgabe. Über die absolute Datierung der "Jüngeren Granite", die sowohl in Nordnigeria als auch im inneren Jos-Plateau von einer Rumpfebene überzogen sind, läßt sich der Nachweis erbringen, daß nach dem Zerbrechen von Gondwana noch Rumpfflächen gebildet wurden, die alle Gesteine kappen. Da in der Unterkreide bis in die Oberkreide hinein (mindestens bis 85 Ma) ein tektonisch äußerst aktiver Zeitabschnitt war, ist es logisch, eine letzte alle Gesteine erfassende Einebnung für die Zeit mit abgeschwächter Tektonik, das heißt für Campan bis Eozän (85-40 Ma) anzunehmen. Bis in den Übergang Oberkreide/Alttertiär muß man auch die Klimaentwicklung zurückverfolgen, um die heutige Landschaft zu verstehen.

9.2 Exogene Einwirkungen auf die Landschaftsentwicklung

Für den Zeitabschnitt Turon bis Paläozän (rund 90-60 Ma) sind bei hohen Meeresspiegelständen, die nicht nur das Jos-Plateau zeitweise zur Insel werden ließen, sondern auch über die Sahara hinweg Atlantik und Tethys verbanden, überwiegend feuchtwarme Klimaeinflüsse zu rekonstruieren. Auf dem Festland erfolgten vor allem Lösungsabtrag und Saprolitisierung. Damit könnte eine Reliefreduktion und Flächenausweitung verbunden gewesen sein, die lediglich Vollformen aus nahezu kluftfreien Gesteinen verschonte. Sie bilden heute die prallkonvexen Inselberge, die aus einer tiefgründig verwitterten Ebene herausragen.

Im Jos-Plateau kann über stärker schräggestellte, lokal sogar deutlich verstellte oligozäne Schichtglieder der Fluviovulkanischen Serie, die von miozänen Verwitterungsprofilen und jüngeren Basalten durch eine Winkeldiskordanz getrennt sind, der Nachweis erbracht werden, daß bereits im Alttertiär die Umgestaltung des Flachreliefs einsetzte. Am Rand des Tschadbeckens entstanden in kreidezeitlichen bis paläozänen Gesteinen bis mehrere hundert Meter hohe, von Flachrelief umgebene Vollformen. Flächen, Schichtkämme und Bergländer wurden nachfolgend vom Continental Terminal (jüngere Schichtenfolge im Kerri-Kerri-Plateau) überdeckt.

Feuchtwarme Klimabedingungen lassen sich für Zentralnigeria bis ins Miozän, abgeschwächt sogar bis ins Pliozän wahrscheinlich machen. Länger anhaltende Trockenklimate konnten für das Tertiär bisher nicht nachgewiesen werden. Eine Bauxitbildung in der Fluviovulkanischen Serie wird ins Miozän gestellt und mit den verbesserten Dränagebedingungen im sich hebenden Jos-Plateau und einem monsunalen Klima mit kurzer Trockenzeit in Verbindung gebracht. Das feuchtheiße Regenwaldklima am Übergang Oberkreide/Alttertiär ist nicht nur auf den damals weltweit höheren Wasserdampf- und CO_2-Gehalt der Atmosphäre, sondern auch auf die damalige Lage Zentralnigerias am Äquator zurückzuführen. Das monsunale Klima des Miozäns läßt sich durch eine globale klimatische Asymmetrie als Folge einer unipolaren Vereisung erklären, die in Westafrika einen weit nordwärts ausgreifenden sommerlichen Südwestmonsun zur Folge hatte. Darüberhinaus müssen global wirksame Paläoklimafaktoren wirksam gewesen sein, da auch in den Ektropen feuchtklimatische Verwitterungsdecken bis ins Unterpliozän entstanden und die Differenzierung der Pflanzen- und Tierwelt zwischen Ektropen und Tropen erst nach dem Miozän deutlich zu werden begann. Es waren wohl eine größere flächenmäßige Erstreckung der Ozeane und ein damit zusammenhängender höherer Wasserdampfgehalt der Atmosphäre, welche global feuchtere Klimaverhältnisse ermöglichten. Die weitgespannten lateritisierten Rumpfebenen wurden nach den Untersuchungen von Verwitterungsprofilen über Basalten bis ins Pliozän durch ferrallitische Verwitterung überprägt. Die Entstehung mächtiger Kaolinit-Saprolite über sauren Massengesteinen jedoch ist deutlich älter (Mindestalter: Eozän bis Jura).

Im Quartär wurden Gesteine geringer Verwitterungsresistenz und tiefgründig saprolitisierte Gesteinskörper bei wechselnden Klimaten flächenhaft abgetragen. Die Flächentieferlegung erreichte in Abhängigkeit von Abdachung und Gesteinsaufbereitung unterschiedliches Ausmaß. Sie kann bei wenig resistenten Gesteinen deutlich über der Verwitterungstiefe mancher Altflächen liegen. Der flächenhaft wirksame quartäre Abtrag wurde als mittlerer Abtrag von 30 m/10^6 Jahren ermittelt. Dabei schließt der Wert die weitgehend intakten tiefgründig verwitterten tertiärzeitlichen Ebenen ein, die kaum Material geliefert haben können. Ein Abtrag von 100 m in 10^6 Jahren ist demnach infolge von Abdachungserhöhung und klimatischen Wechseln in gering resistentem Material (Verwitterungsdecke, leicht verwitterbare Gesteine) anzunehmen. Selbst wenn aus resistenten Gesteinen in einer Million Jahren zehn Meter Saprolit entstehen können, ist das Abtragungspotential um den Faktor 10 höher. In diesem Fall verlief bei ausreichender Abdachungsverstärkung die flächenhaft wirksame Abtragung erheblich rascher ab als resistentes Gestein aufbereitet werden konnte. Folge davon war die Freilegung von Vollformen, vor allem innerhalb der Schrägflächen, sowie die Stufenentwicklung. Die Freilegung von Resistenzstufen durch flächenhaft wirksame Abtragung gering resistenter Gesteine ist der Parapedimentation zuzuordnen. Als Folge der Rückverlegung von Stufen kam es im Quartär zu Flächenneubildung durch Pedimentation.

Feuchtheiße Regenwaldklimate können in Zentral- und Nordnigeria für diesen Zeitraum ausgeschlossen werden. Es muß angenommen werden, daß in den Kaltzeiten zumindest zeitweise Klimabedingungen herrschten, die sich im Jahresgang der Temperatur und in ihrem Niederschlagsregime von heutigen Tropenklimaten unterschieden. Ein Ausdruck ihrer Wirkung sind mächtige schlecht sortierte Aufschüttungen, deren Bildung durch klimatisch bedingte Eintiefungs- und Bodenbildungsphasen unterbrochen war. Mit größter Wahrscheinlichkeit erfolgte die letzte mächtige Aufschüttung im weltweit trockenen und kühlen Hochglazial. Jede Aufschüttungsphase bedeutete Reliefabflachung durch progressiven Lastwandel. Durch Pedimentation oder Parapedimentation, kombiniert mit progressivem Lastwandel, wurden im Quartär Fußflächen als Ausgleichsflächen gebildet.

Generell wird deutlich, daß die "klassische" Rumpfflächen- und Inselberglandschaft in Zentral- und Nordnigeria als tertiäres Vorzeiterbe anzusehen ist. Allerdings scheinen hier die Abfolgen klimatisch gesteuerter Prozesse (klimagenetische Sequenzen) den Charakter der vererbten Landoberflächen weniger verändert zu haben als in anderen Klimaräumen mit vergleichbarer struktureller Ausstattung. Dies mag darauf zurückzuführen sein, daß in der Summe der Effekte die quartäre Abtragung in den nur wenig stärker abdachenden Rumpfflächen flächenhaft wirksam war.

"(Die) Deutung der Genese von Abtragungsflächen (ist) eines der schwierigsten geomorphologischen Probleme, da als Hinterlassenschaft nur Formen, keine realen Substanzen zu finden sind."
Herbert WILHELMY (1990): Geomorphologie in Stichworten, II Exogene Morphodynamik, Unterägeri, S.131

10. Schlußbetrachtungen

Die Landschaften Nigerias mit ihrer Vielfalt an Oberflächenformen, Verwitterungsdecken und Böden sind Folge einer langen Entwicklung, die recht unterschiedliche Einflüsse von Umweltfaktoren erkennen läßt. Für die Erklärung mancher Formen muß man deshalb bis ins Tertiär beziehungsweise Mesozoikum, bei manchen Strukturformen sogar noch weiter in die Erdgeschichte zurückblicken. Neben Oberflächenformen, die eine deutliche Abhängigkeit von Lithofazies und/oder Tektonik erkennen lassen, sind Skulpturformen in Nigeria weit verbreitet.

Den größten Teil des Landes nehmen Abtragungsflächen ein, die Gesteine unterschiedlicher Widerständigkeit kappen. Das gilt auch für andere Schildregionen in den wechselfeuchten Tropen. Der Schluß jedoch, daß die wechselfeuchten Tropen die Klimazone der Flächenbildung darstellen, ist falsch. Richtig ist, daß die Rahmenbedingungen der jüngeren Landschaftsentwicklung für die Erhaltung beziehungsweise Weiterentwicklung von Flächen besonders günstig waren. Nicht das heutige Klima, sondern die Summation der Effekte wechselnder Klimate im Quartär führte zu einem flächenhaft wirksamen Abtrag, aber nur dort, wo entweder aufbereitetes oder leicht aufbereitbares Gestein vorlag.

Die tiefgründig verwitterten Rumpfebenen mit den abrupt daraus aufsteigenden, meist nacktfelsigen Inselbergen und Inselgebirgen sind in Nigeria Folge des mesozoisch/alttertiären Glashausklimas, des damals meist hohen Meeresspiegels und der zumindest am Übergang Oberkreide/Alttertiär geringen Plattentektonik. Sie sind keinesfalls aus den heutigen Klimaeinflüssen zu erklären. Damit sie bis heute erhalten blieben, waren Sonderbedingungen nötig. Diese waren: minimale Abdachung trotz junger Hebung und, um die von Störungszonen ausgehende Veränderung zu Rampenanstiegen zu verhindern, resistente Gesteine am Außensaum der Ebenheiten.

Abdachungsänderung durch Tektonik bedeutete Umgestaltung. Dabei entstanden entweder unterschiedliche Abtragungsflächen, die jedoch nicht mehr alle Gesteine kappen, oder es wurden Vollformen und Stufen gebildet. Besonders resistente Gesteine, vor allem kluftarme Kristallingesteine im Grundgebirge und kieselig gebundene Kreidesandsteine im Deckgebirge, wurden zu teilweise erheblicher Höhe freigelegt.

Die heutige Landschaft kann deshalb als ein Durchdringungsmuster unterschiedlich alter und unterschiedlich stark skulpturell überprägter, ansonsten aber lithofaziell und/oder tektonisch kontrollierter Oberflächenformen interpretiert werden. Sie ist über ein Entstehungsmodell, das allein gültig sein soll, nicht zu erklären. Deshalb ist der "Wettstreit der Modelle" unnötig. Die

Modelle schließen sich nicht gegenseitig aus, sondern ergänzen sich. Die einzelnen Modelle sind dort anzuwenden, wo ihre Prämissen zutreffen. Ein Modell zu verwerfen, weil es nicht voll zu den Befunden paßt, ist genauso falsch, wie eine Landschaft in ein Modell einzupassen, indem man störende Befunde als unwesentlich erklärt. Liefern Formen und/oder Substrate Informationen, die mit einem der gängigen Modelle nicht in Einklang zu bringen sind, muß man entweder ein neues Modell entwerfen oder ein vorhandenes verändern. Als Beispiel für die Veränderung eines gängigen Modells sei die Entwicklung des Etchplain-Konzeptes genannt (s. Kap.3), als Beispiel für den Entwicklungsansatz eines neuen Modelles sei auf das Modell zur Umgestaltung von Rumpfebenen als Folge von Abdachungsverstärkungen (Kap.8) verwiesen.

Literaturverzeichnis

ABADIE, J., J. BARBEAU & Y. COPPENS (1959): Nouvelles données sur le Villafranchien fossilifère de la région de Koro-Toro, Tchad. - C.R. Acad. Sc. 248, 3328-3330.

ACKERMANN, E. (1936): Dambos in Nordrhodesien. - Wiss. Veröff. Dt. Museum Länderkunde, NF 4, 148-157.

ADEFILA, S.A. (1976): The hydrogeology of the North-Western Nigeria Basin.- In: KOGBE, C.A. (Ed.): Geology of Nigeria, 430.

ADEGOKE, O.S., A.E. AGUMANU, M.J. & P.O. AJAYI (1986): New stratigraphic, sedimentologic and structural data on the Kerri-Kerri formation, Bauchi and Bornu states, Nigeria. - J. African Earth Sc. 5/3, 249-277.

ADELEYE, D.R. (1973): Origin of ironstones, an example from the Middle Niger Valley, Nigeria. - Journal of Sedimentary Petrology 5, 709-727.

AGWU, C.O.C. & J.-J. BEUG (1984): Palynologische Untersuchungen an marinen Sedimenten vor der westafrikanischen Küste. - Paleoecol. Africa 16, 37-52.

AHNERT, F. (1983): Einige Beobachtungen über Steinlagen (stonelines) im südlichen Hochland von Kenia. - Z. Geomorph., N.F., Suppl.Bd. 48, 65-77.

AJAKAIYE, D.E., D.H. Hall, T.W. MILLAR, P.J.T. VERHEIJEN, M.B. AWAD & S.B. OJO (1986): Aeromagnetic anomalies and trends in and around the Benue Trough, Nigeria.- Nature 319, 582-584.

AJAKAIYE, D.E., D.H. HALL & T.W. MILLAR (1989): Interpretation of aeromagnetic data across the central crystalline shield area of Nigeria.- In: KOGBE, C.A. (Ed.): Geology of Nigeria, 81-92, Jos.

ALEVA, G.J. (1983): Suggestions for a systematic structural and textural description of lateritic rocks.- In: MELFI, A.J. & A. CARVALHO (Eds.): Lateritisation processes, 443-454; Sao Paulo.

ALLEN, J.R.L. (1965): Late quaternary Niger delta and adjacent areas: Sedimentary enviroments and lithofacies. - American Bulletin 49, 547-600.

ALLIX, P. (1987): Environnements mésozoiques du Nord-Est Nigeria. - Bull. Centr. Rech. Explor. Prod. Elf Aquitaine 11, 315-321.

ALLIX, P. & M. POPOFF (1983): Le crétacé inférieur de la partie nord-orientale du fossé de la Benoué (Nigéria): un example de relation étroite entre tectonique et sédimentation. - In: POPOFF, M. & J.J. TIERCELIN (Ed.): Rifts et fossés anciens. Bull. Centres Rech. Explor.-Prod. Elf-Aquitaine 7, 349-359.

ALZOUMA, K. (1982): Étude pétrologique de la série sédimentaire tertiaire du bassin de Malbaza, Rép. du Niger. - Thèse Doct. 3eme cycle Niamey/Orléans.

BARBER, W. (1965): Pressure water in the Chad-Formation of Bornu and Dikwa Emirates, North-Eastern Nigeria. - Geol. Survey of Nigeria, Bull. 35.

BARBER, W. & D.G. JONES (1960): The geology and hydrology of Maiduguri, Bornu Province. - Rec. geol. Surv. Nigeria 1958, 5-20.

BARBOUR, M.K., J.S. OGUNTOYINBO, J.O.C. ONYEMELUKWE & J.C. NWAFOR (1982): Nigeria in Maps.- Hongkong.

BARDOSSY, G. & G.J.J. ALEVA (1990): Lateritic bauxites.- Amsterdam (Elsevier), 624 S.

BARTELS, G. (1973): Über Glockenberge und verwandte Formen.- Catena 1, 57-70.

BEAUDET, G. & R. COQUE, P. MICHEL & P. ROGNON (1977): Altérations tropicals et accumulations ferrugineuses entre la vallée du Niger et les massifs centraux saharians (Air et Hoggar). - Z. Geomorph. 21, 297-322.

BECKER, A. (1989): Mineralogie, Geochemie und Genese lateritischer Verwitterungsprofile vom Jos Plateau/Nigeria.- Diss. Hamburg.

BEISSNER, H. (1985): Geochemie und Mineralogie lateritischer Verwitterungsdecken des Jos-Plateaus, Nigeria. - Diplomarbeit (Teil I) f.d. Diplom-Geologen-Hauptprüfung, Univ. Hamburg, 155 S.

BENKHELIL, J. (1982): Benue Trough and Benue Chain. - Geol. Mag. 119, 155-168, Hertford.

BENKHELIL, J. (1985): Geological map of part of the Upper Benue Valley 1: 100 000. -2 Karten mit Erl.heft, ELF Nigeria, 16 S.

BENKHELIL, J. (1987): Structural frame and deformation in the Benue trough of Nigeria. - Bull. Centr. Rech. Explor. Prod. Elf Aquitaine 11, 160-161.

BENKHELIL, J. (1988): Structure et evolution geodynamique du bassin intracontinental de la Benoue (Nigeria).- Bull. Centr. Rech. Explor.-Prod. Elf Aquitaine 12, 29-128.

BENKHELIL, J. & B. ROBINEAU (1983): Is the Benue trough a rift? - Bull. Centr. Rech. Explor. Prod. Elf Aquitaine 7, 315-321.

BENKHELIL, J., P. DAINELLI, J.F.PONSARD, J.F.POPOFF & L. SAUGY (1988): The Benue Trough: Wrench fault related basin on the border of the Equatorial Atlantic.- In: MANSPEIZER, W. (Ed.): Triassic-Jurassic Rifting and the opening of the Atlantic Ocean.- Amsterdam (Elsevier).

BENKHELIL, J., M. GUIRAUD, J.F. PONSARD & L.SAUGY (1989): The Bornu-Benue Trough, the Niger Delta and its offshore: Tectono-sedimentary reconstruction during the Cretaceous and Tertiary from geophysical data and geology.- In: KOGBE, C.A. (Ed.): Geology of Nigeria, 277-309, Jos.

BIRKENHAUER, J. (1989): Über intermediäre Verwitterungsvorgänge in Natal und in der östlichen Kapprovinz (Südafrika).- Geoökodynamik 10, 63-86.

BISCHOFF, G. (1985): Die tektonische Evolution der Erde von Pangäa zur Gegenwart - ein plattentektonisches Modell.- Geol.Rdsch.74, 237-249.

BOND, G. (1956): A preliminary account of the Pleistocene geology of the Plateau Tin Fields Region of Northern Nigeria. - Proc. III Intern. W. Africa Con. 1949, 187-202.

BOND, J. (1978): Evidence for Late Teriary uplift of Africa relative to North America, South America, Australia and Europe. - J- of Geology 86, 47-65.

BORGER, H., D. BURGER & J. KUBINIOK (1993): Verwitterungsprozesse und deren Wandel im Zeitraum Tertiär-Quartär. - Z. Geomorph. N.F. 37, 129-143.

BORNHARDT, W. (1900): Zur Oberflächengestaltung und Geologie Deutsch-Ostafrikas. - Berlin.

BOUDOURESQUE, L., D. DUBOIS, J. LANG & J. TRICHET (1982): Contribution à la stratigraphie et à la paléogéographie de la bordure occidentale du bassin des Iullemmeden au Crétacé supérieur et au Cénozoique, Niger et Mali, Afrique de l' Ouest. - Bull. Soc. Géol. France 24, 685-695.

BOULANGE, B. & ESCHENBRENNER, V. (1971): Note sur la présence de cuirasses témoins des niveaux bauxitiques et intermédiaires, Plateau de Jos, Nigeria. - Bull. Ass. Sénégal et Quatern. Ouest Afr., Bull. Liaison Sénégal 31-32, 83-92.

BOWDEN, P. & J.A. KINNAIRD (1984): Geology and mineralization of the Nigerian anorogenic Ring Complexes. - Geol. Jb., Reihe B, Heft 56, 68 S.

BREMER, H. (1971): Flüsse, Flächen- und Stufenbildung in den feuchten Tropen. - Würzburger Geogr. Arb. 35.

BREMER, H. (1972): Flußarbeit, Flächen- und Stufenbildung in den feuchten Tropen. - Z. Geomorph., N.F., Suppl. 14, 21-38.

BREMER, H. (1974): Geologie und Geomorphologie. - Heidelberger Geogr. Arb. 40 (Festschr. H. Graul), 219-237.

BREMER, H. (1978): Zur tertiären Reliefgenese der Eifel. - Kölner Geogr. Arb. 36, 195-225.

BREMER, H. (1981a): Reliefformen und reliefbildende Prozesse in Sri Lanka. - In: BREMER, H., A. SCHNÜTGEN & H. SPÄTH (1981): Zur Morphologie in den feuchten Tropen, 7-183. Berlin-Stuttgart (Borntraeger), 296 S.

BREMER, H. (1981b): Inselberge - Beispiele für eine ökologische Geomorphologie. - Geogr. Ztschr. 69, 199-216.

BREMER, H. (1986): Geomorphologie in den Tropen - Beobachtungen, Prozesse, Modelle. - Geoökodynamik 7, 89-111.

BREMER, H. (1989): Allgemeine Geomorphologie.- Berlin/Stuttgart, 450 S.

BRONGER, A. (1985): Bodengeographische Überlegungen zum "Mechanismus der doppelten Einebnung" in Rumpfflächengebieten Südindiens.- Z. Geomorph. N.F. Suppl.bd.56,39-53.

BRÜCKNER, H. (1989): Küstennahe Tiefländer in Indien - ein Beitrag zur Geomorphologie der Tropen.- Düsseldorfer Geogr. Schriften 28.

BRÜCKNER, H. & N. BRUHN (1992): Aspects of weathering and peneplanation in southern India.- Z. Geomorph. N.F., Suppl.-Bd. 91, 43-66.

BRUHN, N. (1990): Substratgenese - Rumpfflächendynamik.- Kieler Geogr. Schr. 74.

BRUNK, K. (1992): Late Holocene and recent geomorphodynamics in the south-western Gongola Basin, NE Nigeria.- Z. Geomorph. N.F., Suppl.Bd. 91, 149-159.

BRUNK, K., J. HEINRICH & G. NAGEL (1991): Natural resources and landscape development in the Southern Gongola Basin, NE Nigeria.- In: JUNGRAITHMAYR, H. & G. NAGEL (Eds.): West African Savannah - culture, language and environment in an historical perspective.- Frankfurt/Main, 97-104.

BRUNNER, H. (1968): Geomorphologische Karte des Mysore-Plateaus (Südindien), ein Beispiel zur Methodik der morphologischen Kartierung in den Tropen. - Wiss. Veröff. Dt. Inst. f. Länderkde., N.F. 25/26, 5-17.

BRUNNER,H. (1970): Pleistozäne Klimaschwankungen im Bereich des östlichen Mysore-Plateaus (Südindien). - Geologie 19, 72-82.

BRUNNER, H. (1977): Einige Bemerkungen zur klimatischen Geomorphologie der semiariden und semihumiden Tropen. - Wiss. Ztschr. Päd. Hochschule Potsdam 21, 423-435.

BRUNOTTE, E. (1986):Zur Landschaftsgenese des Piedmont an Beispielen von Bolsonen der Mendociner Kordilleren (Argentinien).- Göttinger Geogr. Abh.82.

BÜDEL, J. (1957): Die "Doppelten Einebnungsflächen" in den feuchten Tropen. Z. Geomorph. N.F. 1, 209-228.

BÜDEL, J. (1977): Klima-Geomorphologie. - Berlin-Stuttgart.

BÜDEL, J. (1986): Tropische Relieftypen Süd-Indiens.- A.d. Nachl. bearb. u. hrsgg. v. D. BUSCHE, Relief Boden Paläoklima 4, 1-84.

BURKE, K., T.F.J. DESSAUVAGIE & A.J. WHITEMAN (1972): Geological history of the Benué valley and adjacent areas. - In: DESSAUVAGIE, T.F.J. & A.J. WHITEMAN (Ed.) (1970): African Geology, 325-347, Geol. Dept. Univ. Ibadan, Nigeria.

BURKE, K. (1976): Neogene and quaternary tectonics of Nigeria. - In: KOGBE, C.A. (Ed.): Geology of Nigeria, 363-369.

BURKE, K., T.F.J. DESSAUVAGIE & A.J. WHITEMAN (1971): Opening of the Gulf of Guinea and Geological History of the Benué Depression and Niger Delta. - Nature, Phys. Sci. 233 (38), 51-55.

BURKE, K. & J.F. DEWEY (1974): Two plates in Africa during the cretaceous? - Nature 249, 313-316.

BURKE, K., B. DUROTOYE, J. RHEINGOLD & TH. SHAW (1969): Late Pleistocene and Holocene deposits at Odo Ogun, South-Western-Nigeria. - Journal of Mining and Geology Vol. 4, 116.

BURKE, K. & B. DUROTOYE (1970): The Quaternary in Nigeria: a review. - Bull. ass. Sénég. Et. Quatern. Ouest afr., Dakar, 27-28, 70-96.

BURKE, K. & B. DUROTOYE (1971): Geomorphology and superficial deposits related to late Quaternary climatic variation in south-western Nigeria. - Z. Geomorph., N.F. 15, 430-444.

BUSCHE, D. & W. ERBE (1987): Silicate karst landforms of southern Sahara (northeastern Niger and southern Lybia).- Z.Geomorph. Suppl.bd.64, 55-72

BUSCHE, D. & B. SPONHOLZ (1988): Karsterscheinungen in nichtkarbonatischen Gesteinen der Republik Niger.- Würzburger Geogr.Arb. 69, 9-43

BUSER, H. (1966): Paleostructures of Nigeria and adjacent continents. - Geotektonische Forschungen 24, 90 S.

CARTER, J.D., W. BARBER & E.A. TAIT (1963): The geology of parts of Adamawa, Bauchi and Bornu Provinces in North-Eastern Nigeria. - Geol. Surv. of Nigeria, Bull. 30.

CHAMLEY, H., E. ENU, M. MOULLADE & C. ROBERT (1979): La sédimentation argileuse du bassin de la Bénoué au Nigéria, reflêt de la tectonique du Crétacé superieur. - C.R. Acad. Sci., Paris, sér. D., 288, 1143-1146.

CLARK, J.D. (1980): Early human occupation of African savanna environments. - In: HARRIS, D.R. (Ed.): Human ecology in savanna environments, 41-71.

COQUE, R. (1977): Géomorphologie. - Paris.

CRICKMAY, H. (1933): The later stages of the cycle of erosion. - Geol. Mag. 70, 337-347.

DAVIS, W.M. (1899): The geographical cycle. - Geogr. Journ. 14, 481-504.

DEMANGEOT, J. (1975): Sur la genèse des pédiplaines de l'Inde du Sud. - Bull. Ass. Géogr. France 423, 292-309.

DE PLOEY, J. (1978): Untersuchungen und Probleme der Regenerosion in NO-Nigeria während der letzten zwei Jahrtausende. - Geomethodica, Veröff. Basler Geometh., Coll 3, 107-136.

DE PLOEY, J. & J. VAN NOTEN (1972): Recent quaternary research in the Gongola Basin, N.E. Nigeria. -Paleoecology of Africa 6, 239-240.

DESSAUVAGIE, T.F.J. (1975): Explanatory Note to the Geological Map of Nigeria, Scale 1:1 000 000. - J. Min. Geol. 9.

DE SWARDT, A.M.J. (1956): Recent erosion surfaces on the Jos Plateau. - Proc. Intern. W. Afr. Conf. III 1949, 180-186.

DE SWARDT, A.M.J. (1964): Laterisation and Landscape development in parts of Equatorial Africa. - Z. Geomorph. 8, 313-333.

DUBOIS, F. & J. LANG (1981): Etude lithostratigraphique et géomorphologique du Continental terminal et du Cénozoique inférieur dans le bassin des Iullemmeden, Niger. - Bull. Inst. Fond. d`Afrique Noire 43, Sér. A, nos 1-2, 1-42.

DU PREEZ, J.W. (1948): Laterite: a general discussion with a discription of Nigerian occurences. - Bull. Agr. Congo Belge 40, 53-66.

DU PREEZ, J.W. (1954): Notes on the occurence of oolites and pisolites in the Nigerian laterites. - Congr. Géol. Int., Rand 19ème sess., Alger 1952, A.S.G.A., II: partie, fasc. XXI, 1763-169.

DU PREEZ, J.W. (1956): Origin, classification and distribution of Nigerian laterites. - Proc. 3rd. Int. W. Afr. Conf. 1949, 223-234.DURAND, A. (1982): Oscillations of Lake Chad over the past 50 000 years: new data and new hypothesis.- Palaeogeogr., Palaeoclimatol., Palaeoecol.39, 37-53

DURAND, A. & J. LANG (1986): Approche critique des méthodes de reconstitution paléoclimatique: le Sahel nigéro-tchadien depuis 40 000 ans. - Bull. Soc. Géol. France 8, t II, no 2, 267-278.

DURAND, A. & J. LNG (1991): Breaks in the continental environmental equilibrium and intensity changes in aridity over the past 20 000 years in the Central Sahara.- In: LANG, J. (Ed.): Sedimentary and diagenetic dynamics of continental Phanerozoic sediments in Africa, J. African Earth Sci. 12 no 1/2, 199-208.

DUROTOYE, B. (1976): Quaternary sediments in Nigeria. - In: KOGBE, C.A. (Ed.): Geology of Nigeria, Ibadan, 347-361.

EISBACHER, G.H. (1991): Einführung in die Tektonik.- Stuttgart.

ERHART, H. (1955): "Biostasie" et "Rhexistasie", ésquisse d`une théorie sur le rôle de la pédogenèse en tant que phénomène géologiques. - C.R. Acad. Sci., Paris 241, 1218-1220.

ERHART, H. (1967): La genèse des sols en tant que phénomène géologiques. Esquisse d`une théorie géologique et géochimique. Biostasie et Rhexistasie. - Masson, Paris, 177 S.

FAGG, A. (1972): A preliminary report on an occupation site in the Nok valley, Nigeria. - West African J. Archaeol. 2, 75-79.

FAIRBRIDGE, R.W. (1968): Regolith and Saprolite. - In: FAIRBRIDGE, R.W. (Ed.): The Encyclopedia of Geomorphology, New York, 933-935.

FAIRBRIDGE, R.W. (1978): Geomorphic analyses of the rifted cratonic margins of western Australia. - Z. Geomorph., N.F. 22, 369-389.

FAIRBRIDGE, R.W. (1984): Planetary periodicities and terrestrial climate. - In: MÖRNER, N.-A. & W. KARLEN (Ed.): Climatic changes on a yearly to millenial basis, (Reidel), 509-520..

FAIRBRIDGE, R.W. & C.W. FINKL jr. (1978): Geomorphic Analysis of the rifted cratonic margins of Western Australia. - Z. Geomorph., N.F. 22, 369-389.

FAIRBRIDGE, R.W. & C.W. FINKL jr. (1980): Cratonic erosional unconformities and peneplains. - J. Geol. 88, 69-86.

FAIRHEAD, J.D. (1988): Mesozoic plate tectonicreconstructions of the central South Atlantic Ocean: the role of the West and Central African rift system.- Tectonophysics 155, 181-191.

FALCONER, J.D. (1911): The geology and geography of Northern Nigeria. - London.

FALCONER, J.D. (1921): The geology of the Plateau tinfields. - Bull. Geol. Surv. Nigeria 1.

FANIRAN, A. (1972): Depth and pattern of deep weathering in the Nigerian pre-cambrian basement complex rock area. - In: DESSAUVAGIE, T.F.J. & A.J. WHITEMAN (Eds.): African Geology, 379-394.

FANIRAN, A. (1974a): The extent, profile and significance of deep weathering in Nigeria. - J. Trop. Geogr. 38, 19-30.

FANIRAN, A. (1974b): Nearest-neighbour analysis of inter-inselberg distance: A case study of the inselbergs of southwestern Nigeria. - Z. Geomorph., N.F., Suppl.Bd.20, 150-167.

FANIRAN, A. & L.K. JEJE (1983): Humid tropical geomorphology. - London.

FELIX-HENNINGSEN, P. (1990): Die mesozoisch-tertiäre Verwitterungsdecke (MTV) im Rheinischen Schiefergebirge.-Berlin/Stuttgart(Borntraeger), 192 S.

FILIZOLA, H.F. & R. BOULET (1993): Une évaluation de la vitesse de l'érosion géochimique à partir de l'étude de dépressions fermées sur roches sédimentaires quartzokaolinique au Brésil.- C.R. Acad. Sci. Paris 316, Sér. II, 693-700.

FINKL, C.W. jr. (1982): On the geomorphic stability of cratonic planation surfaces. - Z. Geomorph., N.F. 26, 137-150.

FINKL. C.W. jr. (1984): Chronology of weathered materials and soil age determenation in pedostratigraphic sequences. - Chemical geology 44, 311-335.

FITZPATRICK, R.W. & U. SCHWERTMANN (1982): Al- substituted goethite- An indicator of pedogenic and other weathering environments in South Africa.- Geoderma 27, 335-347.

FLOHN, H. (1985): Das Problem der Klimaänderungen in Vergangenheit und Zukunft. Darmstadt.

FLOHN, H. & R. FANTECHI (Eds.) (1984): The climate of Europe: Past, present and future. - Dordrecht, 356 S.

FÖLSTER, H. (1964): Morphogenese der südsudanesischen Pediplane. - Z. Geomorph., N.F. 8, 393-423.

FÖLSTER, H. (1969): Slope development in SW-Nigeria during Late Pleistocene and Holocene. - Gießener Geogr. Schr. 20, 3-56.

FÖLSTER,H. (1978): Bodenhydrologische Grundlagen der Bodenentwicklung in den feuchten Tropen Nigerias. - Geomethodika, Veröff. Baseler Geometh. Coll. 3, 137-170.

FÖLSTER, H. (1979): Holozäne Umlagerung pedogenen Materials und ihre Bedeutung für fersiallitische Bodendecken. - Z. Geomorph., N.F., Suppl.Bd. 33, 38-45.

FÖLSTER, H. (1983): Bodenkunde - Westafrika. - Afrika-Kartenwerk, Beiheft W4, Berlin-Stuttgart, 101 S.

FÖLSTER, H., N. MOSHREFI & A.G. OJENUGA (1971): Ferralitic pedogenesis on metamorphic rocks, SW-Nigeria. - Pedologie 21, 95-124, Gent.

FRANK, J. (1983): Vergleichende ingenieurgeologische Untersuchungen an smectit- und palygorskitreichen Tonen des Alttertiärs im Iullemmeden-Becken NW-Nigeria. - Diss. Hamburg.

FRANKENBERG,P. & ANHUF,D. (1989): Zeitlicher Vegetations- und Klimawechsel im westlichen Senegal.- Erdwissenschaftliche Forschungen 24, Stuttgart.

FREETH, S.J. (1968): Chemical analyses of Nigerian igneous and metamorphic rocks and minerals up to 1968. - J. of Mining and Geology 4, 83-110.

FREETH, S.J. (1978): A model for tectonic activitiy in West Africa and the Gulf of Guinea during the last 90 m.y. based on membrane tectonics. - Geol. Rdsch., 675-687.

FREYSSINET, P. (1991): Géochimie et minéralogie des latérites du Sud Mali. Evolution des paysages et prospection géochimique de l'or.- Document du BRGM no 203, 277 S.

FRIEDMANN, G.M. & J.E. SANDERS (1978): Principles of sedimentology. - New York.

FRISCH, W. & J. LOESCHKE (1993): Plattentektonik.- 3., überarb.Aufl.,Darmstadt

FRITSCH, P. (1978): Chronologie relatives des formations cuirassés et analyse géographique des facteurs de cuirassement au Camerun. - Trav. et Doc. de géogr. trop. 33, CEGET, 113-132.

FRITZ, B. & Y. TARDY (1973): Etude thermodynamique et simulation du système gibbsite, quartz, kaolinite et gaz carbonique. Applications à la genèse des podzols et des bauxites.- Sci. Géol. Bull. Strasbourg 26, 339-367.

GABRIEL, B. (1982): Die Sahara im Quartär. Klima, Landschafts- und Kulturentwicklung. - Geogr. Rdsch. 34, 262-268.

GAC, J.Y. (1980): Géochimie du Bassin du Lac Tchad. - Trav. et Doc. ORSTROM 123, Paris, 251 S.

GAERTNER, R.v. (1969): Zur stratigraphischen und morphologischen Altersbestimmung von Altflächen.- Geol. Rdsch.58, 1-9.

GASCOYNE, P. (1978): Mudflow, debris-flow deposits. - In: FAIRBRIDGE, R.W. & J. BOURGEOIS (Eds.): The encyclopedia of sedimentology, 488-492.

GERMANN, K. K. FISCHER & T. SCHWARZ (1990): Accumulation of lateritic weathering products (kaolins, bauxitic laterites, ironstones) in sedimentary basins of the Northern Sudan.- Berliner geowiss. Abh. (A), 120.1, 109-148.

GRANT, N.K. (1971): A compilation of radiometric ages from Nigeria. - J. of Mining and Geol. 6, 37-54.

GRANT, N.K. (1971): South Atlantic, Benue trough and gulf of Guinea cretaceous triple junction.-Geol. Soc. Amer. Bull. 82, 2295- 2298.

GRANT, G.K., D.C. REX & S.J. FREETH (1972): Potassium-Argon ages and Strontium Isotope ratio measurements from volcanic rocks in North-Eastern Nigeria. - Contr. Mineral. and Petrol. 35, 277-292.

GREIGERT, J. & R. POUGNET (1967): Essai de description des formations géologiques de la République du Niger. - Mém. Bur. Rech. Géol. et Min. 48.

GROVE, A.T. (1957): The Benue-Valley. - Kaduna.

GROVE, A.T. (1958): The ancient erg of Haussaland and similar formations on the south side of the Sahara. - Geogr. Journ. 124, 528-533.

GROVE, A.T. (1959): A note on the former extent of Lake Chad. - Geogr. Journ. 125, 465-467.

GROVE, A.T. (1970): Rise and fall of Lake Chad. - Geogr. Magazine 42, 432-439.

GROVE, A.T. (1972): The dissolved and solid load carried by some West African rivers. - Journ. of Hydrology 16, 277-300.

GROVE, A.T & A. WARREN (1968): Quaternary landforms and climate on the south side of the Sahara. - Geogr. Journ. 134, 194-208.

GRÜN, R., K. BRUNNACKER & G.J. HENNING (1984): Paleoclimatic indications given by speleothems, spring deposited travertins and marine terraces. - Eiszeitalter und Gegenwart 34, 199-200.

GUIRAUD, R. (1987): La Bénoué: une unité structurale au sein de la plaque africaine. _ Bull. Centr. Rech. Explor Prod. Elf aquitaine 11, 165.

GUIRAUD, M. (1989): Geological Map of part of the Upper Benue Valley, 1: 50 000.- 2 Karten mit Erl. heft, ELF Nigeria, 16 S.

HALLBERG, J.A. (1984): A geochemical aid to igneous rock type identification in deeply weathered terrain.- J.Geochem. Explor. 20, 1-8.

HAMILTON, A. (1976): The significance of patterns of distribution shown by forest plants and animals in tropical Africa for the reconstruction of upper Pleistocene palaeoenvironments: a review. - Palaeocol. Africa 9, 63-97.

HANSTEIN, T. (1984): Anwendung der Mößbauer-Spektroskopie an eisenhaltigen Bodenproben auf geochronologische Probleme. - Diplomarbeit Univ. Köln.

HARRASSOWITZ, H. (1926): Laterit.- Fortschr. Geol. Paläontol. 4, H.14, 253-366.

HARRASSOWITZ, H. (1930): Fossile Verwitterungsdecken.- In: BLANCK, E. (Ed.): Handbuch der Bodenlehre, Band 4, 225-305, Berlin.

HEGNER, R. (1979): Nichtimmergrüne Waldformationen der Tropen. - Kölner Geogr. Arb. 37.

HEINRICH, J (1992a): Naturraumpotential, Landnutzung und aktuelle Morphodynamik im südlichen Gongola-Becken, Nordost-Nigeria. - Geoökodynamik 12, 41-61.

HEINRICH, J. (1992b): Pediments in the Gongola Basin, NE-Nigeria, development and recent morphodynamics. - Z. Geomorph., N.F., Suppl.Bd. 91, 135-147.

HERVIEU, J. (1967): Sur l'existence de deux cycles climatosédimentaires dans les monts Mandara et leurs abords,Nord-Cameroun. Conséquences morphologiques et pédogénétiques. - C.R. Acad. Sci. 264, Sér. D, 2624-2627.

HERVIEU, J. (1969): Découverte de la Pebble-Culture au nord de l'Adamaua, Cameroun. Incidences géomorphologiques et pédogénétiques. - C.R. Acad. Sci. 268, Sér. D., 2335-2338.

HERVIEU, J. (1969): Les industries à galets aménagés du haut bassin de la Bénoué. - Bull. Ass. sénég. et Quatern. Ouest Afr., Dakar, 24-34.

HERVIEU, J. (1970): Influence des changements de climat quaternaire sur le relief et les sols du Nord-Cameroun. - Ann. Géogr. 433, 386-398.

HIERONYMUS, B. (1978): Apport de la minéralogie et de la géochimie à la connaissance de la formation et de l'évolution de certaines bauxites du Cameroun. - Trav. et doc. de géogr. trop., CEGET Bordeaux, 167-184.

HILL, I.D. & L.J. RACKHAM (1976): The characteristics and distribution of ironpan on the Jos Plateau, Nigeria. - Savanna 5, 79-82.

HILL, I.D. & L.J. RACKHAM (1978): Indications of mass movement on the Jos Plateau Nigeria. - Z. Geomorph. 22, 258-274.

HILL, I.D. & A.W. WOOD (1975): The occurence of river gravels in the Benue and Katsina Ala River Valleys. - Savanna 4, 85-86.

HÖVERMANN, J. & H. HAGEDORN (1984): Klimatisch-geomorphologische Landschaftstypen.- Tagungsber. u. wiss. Abh. 44.Dt.Geogr.tag Münster 24.-28.5.1983, 460-466.

d'HOORE, J. (1954): L'accumulation des sesquioxides libres dans les sols tropicaux.- Pupl.Inst.natn. Etude agron. Congo belge, Sér.Sci 62.

HURAULT, J. (1970): Les lavaka de Banyo, Cameroun, témoins de paléoclimats. - Bull. Ass., Géogr. France, 377-378, 3-13.

HURAULT, J. (1972): Phases climatiques tropicales sèches à Banyo Cameroun. - Palaeoecol. of Africa 6, 93-101.

HURAULT, J. (1990): Evolution récente des vallées de l'Adamaoua occidental (Cameroun-Nigeria).- Rev. de géom. dyn. 39, 49-62.

HÜSER, K. (1989): Die Südwestafrikanische Randstufe.- Z. Geomorph. Suppl. 74, 95-110.

JEJE, L.K. (1972): Landform development at the boundary of sedimentary and crystalline rocks in Southwestern Nigeria. - J. of Tropical Geography 34, 25-33.

JEJE, L.K. (1973): Inselbergs' evolution in a humid tropical environment: The example of South Western Nigeria. - Z. Geomorph., N.F. 17, 194-225.

JEJE, L.K. (1974): Relief and drainage development in Idan Hills of Western Nigeria. - Nigeria Geogr. J. 17, 83-92.

JEJE, L.K. (1980): A review of geomorphic evidence for climatic change since the Late Pleistocene in the rain-forest areas of southern Nigeria. - Palaeogeogr., Palaeoclimatol., Palaeoecol. 31, 63-86.

JESSEN, O. (1936): Reisen und Forschungen in Angola. - Berlin.

JONES, H.A. & D. HOCKEY (1964): The geology of part of southwestern Nigeria. - Geol. Surv. Nigeria Bull. 31, 101 p.

KADOMURA, H. & H. NOBUYUKI (1978): Some notes on landforms and superficial deposits in the forest and savanna zones of inland Cameroun. - J. of Geogr. 87, 349-367.

KAYSER, K. (1949) Die morphologischen Untersuchungen an der großen Randstufe auf der Ostseite Südafrikas. - In: OBST, E. & K. KAYSER: Die große Randstufe auf der Ostseite Südafrikas und ihr Vorland. - Sonderveröff. Geogr. Ges. Hannover 3, 85-249.

KAYSER, K. (1957): Zur Flächenbildung, Stufen- und Inselbergentwicklung in den wechselfeuchten Tropen auf der Ostseite Süd-Rhodesiens. - Dt. Geogr. Tg. Würzburg 1957, Tagungsber. u. wiss. Abh. Wiesbaden 1958, 165-172.

KELLER, E.A. & T.K. ROCKWELL (1984): Tectonic geomorphology, quaternary chronology and palaeoseismicity. - In: COSTA, J.E. & P.J. FLEISHER (Eds.): Developments and applications in geomorphology, 203-239.

KEMINK, M. (1989): Mineralogie und Geochemie lateritischer Verwitterungsprofile vom Jos-Plateau/Zentralnigeria.- Dipl.Arb. Geol-Paläontol.Inst.Univ. Hamburg.

KING, L.C. (1949): The pediment landform: some current problems. - Geol. Mag. 86, 245-250.

KING, L.C. (1965): A geomorphological comparison between Eastern Brazil and Africa (Central and Southern). - Quater. J. Geol. Soc. London 112, 445-474.

KOGBE, C.A. (1972): Geology of the Upper Cretaceous and Lower Tertiary sediments of the Nigerian sector of the Iullemmeden Basin, West Africa. - Geol. Rdsch. 62, 197-211.

KOGBE, C.A. (1976): Outline of the Geology of the Iullemmeden Basin in North Western Nigeria, In: KOGBE, C.A. (Ed.): Geology of Nigeria, 331-338.

KOGBE, C.A.(1979): Review of the Continental Intercalaire and the Continental Terminal in the Iullemmeden Basin of West Africa. - Ann. Geol. Surv. Egypt 9, 363-376.

KOGBE, C.A. (1981b): "Continental Terminal" in the Upper Benue Basin of North Eastern Nigeria. - Earth evol. sci. 2, 149-153.

KOGBE, C.A. & N.A. SOWUNMI (1975): The age of the Gwandu Formation, Continental Terminal in North Western Nigeria as suggested by sporo-pollinitic analysis. - Savanna 4, 47-55.

KOGBE, C.A. & D. DUBOIS (1980): Economic significance of the "Continental Terminal". - Geol. Rdsch. 69, 429-436.

KOOPMANNS, B.N. (1982): Some comparative aspects of SLAR and airphoto images for geomorphological and geological interpretation. - ITC Journ. 1982-3. Enschede, 330-337.

KOTANSKI, Z.J. (1976): Probable fold and fault tectonics of the Fluvio-Volcanic Formation in the vicinity of Jos.- In: KOGBE, C.A. (Ed.): Geology of Nigeria, 429, Lagos.

KOWAL, J.M. & D.T. KNABE (1972): An agroclimatological atlas of the Northern States of Nigeria. - Kaduna.

LANG, J., C.A. KOGBE, S. ALIDOU, K. ALZOUMA, D. DUBOIS, A. HOUESSOU & J.TRICHET (1986): Le Sidérolithique du Tertiaire ouest-africain et le concept de Continental Terminal. - Bull. soc. géol. France 1986, Bd. II, no. 4, 605-622.

LAUER, W. (1991): Räumliche Veränderungen des Pflanzenkleides der Erde durch Klimawandel. In: HUBER, M.G. (Ed.): Umweltkrise.- Darmstadt , 85-110.

LEHMANN, H. (1964): Glanz und Elend der morphologischen Terminologie.- Würzburger Geogr. Arb. 12, 11-22.

LEPRUN, J.C. (1979): Les cuirasses ferrugineuses des pays cristallins de l`afrique occidentale sèche. Genèse. Transformation. Dégradation. - Sci. Géol. Mém. 58, Strasbourg.

LOUIS, H. (1964): Über Rumpfflächen und Talbildung in den wechselfeuchten Tropen, besonders nach Studien in Tanzania. - Z. Geomorph., N.F. 8, 43-70.

LOUIS, H. (1966): Heteroloithische und homolithische Schichtstufen.- Tijdschr.v.h. Kon. Ned. Aardrijksk. Gen. 83, 266-271.

LOUIS, H. (1969): Singular and general features of valleydeeping as resulting from tectonic or from climatic causes. - Z. Geomorph., N.F. 13, 472-480.

LOUIS, H. & K. FISCHER (1979): Allgemeine Geomorphologie. Berlin, New York.

McCURRY, P. (1970): Geology. - In: MORTIMORE, M.J. (Ed.): Zaria and its region, 5-12.

McCURRY, P. (1971): Plate tectonics and Pan-African orogeny in Nigeria. - Nature 229, 154-155.

McCURRY, P. (1973): Geological elements of terraces near Ahmadu Bello University. - Savanna 2, 82-83.

McFARLANE, M.J. (1983): Laterites. - In: GOUDIE, A.S. & K. PYE (Eds.): Chemical sediments and geomorphology, 7-58.

McFARLANE, M.J. (1991): Some sedimentary aspects of lateritic weathering profile development in the major bioclimatic zones of tropical Africa.- In: LANG, J. (1991): Sedimentary and diagenetic dynamics of continental Phanerozoic sediments in Africa, J. African Earth Sci. 12 no 1/2, 267-282.

McGEE, W.J. (1897): Sheetflood erosion.- Geol. Soc. Amer. Bull. 8, 87-112.

MACKAY, R.A., R. GREENWOOD & J.E. ROCKINGHAM (1949): The geology of the Plateau tinfields - Resurvey 1945-48. - Bull. Geol. Surv. Nigeria, no 19.

McLEOD, W.N., TURNER, D.C. & E.P. WRIGHT (1971): The geology of the Jos Plateau, Volume I: General geology. - Bull. Geol. Surv. Nigeria 32(1).

McTAINSH, G.H. (1980): Harmattan dust deposition in Northern Nigeria. - Nature 286, no 5773, 587-588.

McTAINSH, G.H. & P.H. WALKER (1982): Nature and distribution of Harmattan dust. - Z. Geomorph. 26, 417-435.

MÄCKEL, R. (1974): Dambos: A study in morphodynamic activity on the plateau regions of Zambia. - Catena 1, 327-365.

MÄCKEL, R. (1975a): Über Dambos der zentralafrikanischen Plateauregionen. - Z. Geomorph., N.F., Suppl.Bd. 23, 12-25.

MÄCKEL, R. (1975b): Untersuchungen zur Reliefentwicklung des Sambesi-Eskarpmentlandes und des Zentralplateaus von Sambia. - Giessener Geogr. Schr. 36.

MÄCKEL, R. (1976): Ist die Röhrenbildung (Piping) klima- oder substratbedingt? - Z. Geomorph., N.F. 20, 467-483.

MÄCKEL, R. (1983): Die Entwicklung der Fußfluren und Talebenen in den Bergländern Nord-Kenias. - Z. Geomorph., N.F., Suppl.Bd. 48, 179-195.

*MÄCKEL, R. (1985): Dambos and related landforms in Africa - an example of the ecological approach to tropical geomorphology - Z. Geomorph., N.F., Suppl.Bd. 52, 1-23.

MÄCKEL, R. (1986): Oberflächenformen in den Trockengebieten Nordkenias.- In: Relief Boden Paläoklima 4, 85-225.

MAINGUET, M. (1978): Quelques aspects de la détection et de linsertion spatiale des phénomènes de cuirassement sur les images aériennes et satellites. - Trav. et doc. de géogr. trop. 33, 209-229.

MAINGUET, M., CANNON-COSSUS, L. & A.M. CHAPELLE (1980): Utilisation des images Météosat pour préciser les trajectoires éoliennes au sol, au Sahara et sur les marges Sahéliennes. - Soc. Franc. Photogr. et Télédét. Bull. 78, 1-12.

MALEY, J. (1976): Essai sur le rôle de la zone tropicale dans les changements climatiques: l'exemple africain. - C.R. Acad. Sci. Paris 283 D, 337-340.

MALEY, J. (1980): Les changements climatiques de la fin du Tertiaire en Afrique: leur conséquence sur l'apparition du Sahara et de sa végétation. - In: WILLIAMS, M & H. FAURE (Eds.): The Sahara and the Nile,63-86.

MALEY, J., D.A.LIVINGSTONE, P.GIRESSE, P.BRENAC, G.KLING, C.STAGER, N. THOUVENY, K.KELTS, M.HAAG, M.FOURNIER, Y.BANDET, D.WILLIAMSON & A.ZOGNING (1991): West Cameroon Quaternary lacustrine deposits: Preliminary results.- In: LANG, J. (Ed.): Sedimentary and diagenetic dynamics of continental Phanerozoic sediments in Africa, J. African Earth Sci.12 no1/2, 147-157.

MASCLE, J. & E. BLAREZ (1987): Evidence for transform margin evolution from the Ivory Coast-Ghana continental margin.- Nature 326, 378-381.

MATHEIS, G. (1976): Short Review of the Geology of the Chad Basin in Nigeria. - In: KOGBE, C.A. (Ed.): Geology of Nigeria, 289-294.

MATHEIS, G. & M.J. PEARSON (1982): Mineralogy and chemical dispersion in lateritic soil profiles of Northern Nigeria. - Chemical Geology 35, 129-145.

MATHIEU, P. (1983): Le post-paléozoique au Tchad. - In: FABRE, J. (Ed.): Afrique de l'Ouest. Intr. géol. et termes strat. - Lexique stratigr. intern. Nouv. sér. 1, 143-147.

MATTHES, S.(1990): Mineralogie (Springer)

MENSCHING, H. (1973): Pediment und Glacis, ihre Morphogenese und Einordnung in das System der klimatischen Geomorphologie auf Grund von Beobachtungen im Trockengebiet Nordamerikas (USA und Nordmexico). - Z. Geomorph., N.F., Suppl.Bd. 17, 133-155.

MENSCHING, H. (1978): Inselberge, Pedimente und Rumpfflächen im Sudan (Republik). Ein Beitrag zur morphogenetischen Sequenz in den ariden Subtropen und Tropen Afrikas. - Z. Geomorph. Suppl. 30, 1-19.

MENSCHING, H. (1979): Beobachtungen und Bemerkungen zum alten Dünengürtel der Sahelzone südlich der Sahara als paläoklimatischer Anzeiger. - Stuttgarter Geogr. Stud. 93, 67-78.

MENSCHING, H. (1980): Morphogenetische Sequenzen der Reliefentwicklung im Air-Gebirge und in seinem Vorland.- In: BARTH, H.K. & H. WILHELMY (Eds.): Trockengebiete.- Tübinger Geogr. Stud. 80, 79-93.

MENSCHING, H. (1984a): Julius Büdel und sein Konzept der Klima-Geomorphologie - Rückschau und Würdigung. - Erdkunde 38, 157-167.

MENSCHING, H. (1984b): Grundvorstellungen zur Geomorphologie der Trockengebiete. - Z. Geomorph., N.F., Suppl.Bd. 50, 47-52.

MICHEL, P. (1973): Les bassins des fleuves Sénégal et Gambie.- Mémoires ORSTROM, no 63.

MICHEL, P. (1977): Reliefgenerationen in Westafrika. - In: Beiträge zur Reliefgenese in verschiedenen Klimazonen. Würzburger Geogr. Arb. 45, 111-130.

MILLOT, G. (1964): Géologie des Argiles. - Paris.

MILLOT, G. (1982): Weathering sequences. "Climatic planations". Leveled surfaces and paleosurfaces. - Developments in Sedimentation 35, 585-593.

MILLOT (1983): Planation of continents by intertropical weathering and pedogenetic processes.- In: MELFI, A.J. & A. CARVALHO (Eds.): Lateritisation processes. Proc. II Int. Sem. Lateritisation Processes, Sao Paulo, Brasil, July 4-12, 1982, 53-63.

MINDSZENTY, A. (1976): Some remarks on the laterites of Nigeria.- Travaux de l'ICSOBA 13, 185-190.

MOEYERSONS, J. (1977): Joint patterns and their influence on the form of granitic residuals in NE Nigeria. - Z. Geomorph, N.F. 21, 14-25.

MOHR, E.C.J., F.A. VAN BAREN & J. SCHUYLENBORGE (1972): Tropical soils. 3. Aufl. - Den Haag/Paris/Djakarta. 481 p.

NAHON, D. & J.R. LAPPARTIEN (1977): Time factor and geochemistry in iron crusts genesis.- Catena 4, 249-254.

NEDECO (Netherlands Engineering Consultans) (1959): River studies and recommendations on improvement of Niger and Benue. - North Holland Publishing Co., Amsterdam, 1000 p.

NEWELL, R.E. (1981): A possible interpretation of paleoclimatic reconstructions for 18 000 B.P. for the region 10°N to 60°S, 60°W to 100°E. - Palaeoecol. of Africa 13, 1-19.

NICHOL, J.E. (1991): The extent of desert dunes in northern Nigeria as shown by image enhancement.- Geogr. J. 157, 13-24.

OLLIER, C.D. (1967): Speroidal weathering, exfoliation and constant volume alteration. - Z. Geomorph., N.F. 11, 103-108.

OLLIER, C.D. (1981): Tectonics and landforms. - London/New York (Longman), 324 p.

OLLIER, C.D. (1985): Morphotectonics of passive continental margins: introduction. - Z. Geomorph., N.F., Suppl.Bd. 54, 1-9.

OLLIER, C.D. (1988a): The regolith in Australia.- Earth Science reviews 25, 355-361.

OLLIER, C:D: (1988b): Deep weathering, groundwater and climate.- Geogr. Annaler 70A, 285-290.

OLLIER, C.D., R.A. CHAN, M.A. CRAIG & D.L. GIBSON (1988): Aspects of landscape history and regolith in the Kalgorlie region, Western Australia.- BMR, Journal of Australian geology & geophysics 10, 309-321.

OLLIER, C.D. & R.W. GALLOWAY (1990): The laterite profile, ferricrete and unconformity.

OLOGE, K.O. (1973a): The Kubanni Dam. - Savanna 2, 68-74.

OLOGE, K.O. (1973b): Kudingi gully: headscarp recession, 1969-73. - Savanna 3, 87-90.

OMORINBOLA, E.O. (1982): Verification of some hydrological implications of deep weathering in the basement complex of Nigeria. - Journ. of Hydrology 56 , 347-368.

OMORINBOLA, E.O. (1985): Weathering basal surface roughness parameterization: a case study from Nigeria. - Z. Geomorph., N.F 29, 235-249.

OOMKENS, E. (1974): Lithofacies relations in the late Quaternary Niger delta complex. - Sedimentology 21, 195-222.

OTEZE, G.E. (1981): Water resources in Nigeria.- Environ. Geol. 3, 177-184, New York.

OTI, M.N. (1987): Geochemical and textural characterization of laterites of Southeastern Nigeria.- In: OGURA, Y (ed.): Proceedings of an International seminar on laterite, Tokyo 1985, Chem. Geol. vol.60, 63-72, Amsterdam (Elsevier)

OYAWOYE, M.O. (1960): A note on some inselbergs around Bauchi, Northern Nigeria. - Nigerian Geogr. Journal 3, 33-37.

PACHUR, H.-J. (1984): Erläuterungen zu dem Rundgespräch: Chemische Verwitterungsprozesse unter warm-humiden Klimabedingungen im ausgehenden Mesozoikum und im Tertiär in Berlin vom 15.-16.11.1984. - Mskr. 2p.

PACHUR, H.-J. & G. BRAUN (1982): Aspekte paläoklimatischer Befunde der östlichen Zentralsahara. - Geomethodica 7, 23-54.

PACHUR, H.-J. & H.P. RÖPER (1984): Die Bedeutung paläoklimatischer Befunde aus den Flachbereichen der östlichen Sahara und des nördlichen Sudan. - Z. Geomorph., N.F., Suppl.Bd. 50, 59.78.

PARRISH, J.T., A.M. ZIEGLER & Ch.R. SCOTESE (1982): Rainfall patterns and the distribution of coals and evaporites in the Mesozoic and Cenozoic. - Palaeogeogr., Palaeoclim., Palaeoecol. 40, 67-101.

PASTOURET, L., H. CHAMLEY, G. DELIBRIAS, J.C. DUPLESSY & J. THIEDE (1978): Late Quaternary climatic changes in Western Tropical Africa deduced from deep-sea sedimentation of the Niger delta.-Oceanol. Acta 1(2), 217-232

PAVONI, N. (1985): Die pazifisch-antipazifische Bipolarität im Strukturbild der Erde und ihre geodynamische Bedeutung.- Geol.Rdsch. 74,251-266.-

PEDRO, G. (1968): Distribution des pricipaux types d'altération chimique à la surface du globe.- Rev. géogr. phys. et géol. dyn.10, 457-470.

PENCK, W. (1924): Die morphologische Analyse. - Stuttgart.

PERROT, R.A. & F.A. STREET-PERROT (1982): New evidence for a late Pleistocene wet phase in Northern Intertropical Africa. - Palaeoecol. of Africa 14, 57-75.

PETIT-MAIRE, N. (1991): Recent quaternary climatic change and man in the Sahara.- In: LANG, J. (Ed.): Sedimentary and diagenetic dynamics of continental phanerozoic sediments in Africa, J. Afrivan Earth Sci. 12 no 1/2, 125-132.

POPOFF, M. (1988): Du Gondwana a l'Atlantique sud: les connexions du fosse de la Benoue avec les bassins du Nord- Est bresilien jusqu'a l'ouverture du golfe de Guinee au Cretace inferieur. In: SOUGY, J. & J.ROGERS (Eds.): The West African connection.- J.African Earth Sci.7, 409-431

POPOFF, M., J. BENKHELIL, B. SIMON & J.-J. MOTTE (1983): Approche géodynamique du fossé de la Bénoué, NE Nigéria à partir des données de terrain et de télédétection. - In: POPOFF, M. & J.J. TIERCELIN (Eds.): Rifts et fossés anciens. - Bull. Centres Rech. Explor. - Prod. Elf-Aquitaine 7.

POTOCKI, K. (1974): The Kubanni valley in the last two millenia. - Savanna 3, 209-213.

PUGH, J.C. (1956): Isostatic readjustment in the theory of pediplanation. - Q. J. Geol. Soc. of London 111, 361-369.

PUGH, J.C. (1957): Fringing pediments and marginal depressions in the inselberg landscape of Nigeria. - Transactions and papers of the Institute of British Geographers 22, 15-32.

PUGH, J.C. (1958): The volcanoes of Nigeria. - Nigerian Geogr. Journ. 2, 26-36.

PUGH, J.C. (1961): River captures in Nigeria. - Nigerian Geogr. Journ. 4, 41-48.

PUGH, J.C. (1966): The landforms of low latitudes. - In: DURY, G.H. (Ed.): Essays in geomorphology, London (Heinemann), 121-138.

PUGH, J.C. & L.C. KING (1952): Outline of the geomorphology of Nigeria. - S. Afr. Geogr. Journ. 34 (Braamfontain), 30-37.

PULLAN, R.A. (1967): A morphological classification of lateritic ironstones and ferruginised rocks in Northern Nigeria. - Nigerian Journ. of Sci. 1, 161-173.

RAST, H. (1983): Vulkane und Vulkanismus.- Stuttgart.

RAUNET, M. (1985). Les bas-fonds en Afrique et à Madagascar. - Z. Geomorph., N.F., Suppl.Bd. 52, 25-62.

REYMENT, R.A. (1965): Aspects of the geology of Nigeria.

REYMENT, R.A. (1983): Le post- paléozoique de Niger. - In: FABRE, J. (Ed.): Afrique de l'Ouest. Introduction géol. et termes strat. Lexique stratigr. intern., nouv. sér. 1, 136-139.

REYMENT, R.A. & E.A. TAIT (1983): Resume of the geology of Nigeria. - In: FABRE, J. (Ed.): Afrique de l'Ouest. Introduction géol. et termes strat. - Lexique stratigr. intern., nouv. sér. 1, 127-135.

ROCH, E. (1952): Les reliefs résiduels ou inselbergs du bassin de la Bénoué (Nord Cameroun). - C.R. Acad. Sci. 234 D, 117-119.

ROGNON, P. (1976a): Essai d'interpretation des variations climatiques au Sahara depuis 40 000 ans. - Rev. Géogr. Phys. Géol. Dyn. 18, 251-282.

ROGNON,P. (1976b): Les oscillations du climat saharien depuis 40 millénaires. Introduction à un vieux débat. - Rev. Géogr. Phys. Géol. Dyn. 18, 147-156.

ROGNON, P. (1978): Observations sur les cuirasses ferrugineuses du Niger méridional. - Trav. et Doc. de Géogr. Trop. 33, C.E.G.E.T. Bordeaux, 53-63.

ROGNON, P. (1981): Interpretation paléoclimatique des changements d'environments du Nord et au Moyen Orient durant les 20 derniers millénaires. - Palaeoecol. Africa 13, 21-44.

ROHDENBURG, H. (1969): Hangpedimentation und Klimawechsel in ihrer Bedeutung für Flächen- und Stufenbildung in den wechselfeuchten Tropen an Beispielen aus Westafrika, besonders aus dem Schichtstufenland Südost-Nigerias. - Gießener Geogr. Schr. 20, 57-152.

ROHDENBURG, H. (1970a): Hangpedimentation und Klimawechsel als wichtigste Faktoren der Flächen- und Stufenbildung in den wechselfeuchten Tropen. - Z. Geomorph., N.F. 14, 58-78.

ROHDENBURG, H. (1970b): Morphodynamische Aktivitäts- und Stabilitätszeichen statt Pluvial- und Interpluvialzeiten. - Eiszeitalter und Gegenwart 21, 81-96.

ROHDENBURG, H. (1977): Beispiele für holozäne Flächenbildung in Nord- und Westafrika. - Catena 4, 65-109.

ROHDENBURG, H. (1978): Quartäre Morphodynamik in Nigeria. - Geomethodica 3, 93-106.

ROHDENBURG, H. (1982): Geomorphologisch-bodenstratigraphischer Vergleich zwischen dem nordostbrasilianischen Trockengebiet und immerfeucht-tropischen Gebieten Südbrasiliens. - Catena, Suppl.Bd. 2, 73-122.

ROHDENBURG, H.(1983): Beiträge zur allgemeinen Geomorphologie der Tropen und Subtropen. - Catena 10, 393-438.

ROHDENBURG, H. (1989): Landschaftsökologie - Geomorphologie.- Catena paperback, Cremlingen.

RUNDLE, C.C. (1975): K-Ar dating of basalts from the Jos Plateau, Nigeria. - Rep. IGS 75/1. London.

RUNDLE, C.C. (1976): Further K-Ar age determination on basalts from the Jos Plateau, Nigeria. - Rep. IGS 76/6. London.

SARNTHEIN, M. & B. KOOPMANN (1980): Late Quaternary deep-sea record on the northwest African dust supply and wind circulation. - Palaeoecol. Africa 12, 239-253.

SARNTHEIN, M., J. THIEDE, U. PFLAUMANN, H. ERLENKLUSER, D. FÜTTERER, M. KOOPMANN, H. LANGE & E. SEIBOLD (1982): Circulation patterns of NW Africa during the past 25 million years. - In: VON RAD et al. (Eds.) (1982): Geology of the Northwest African Continental Margin, Berlin, 584-604.

SAUGY, L. (1987): The Benue Trough and Bornu Basin: New geophysical data enlightening the distribution of the Cretaceous sedimentary basins.- Bull. Centr. Rech. Explor. Prod. Elf Aquitaine 11, 178-180.

SCHELLMANN, W. (1984): Lateritforschung in der BGR. - Mskr.

SCHEFFER, F. & P. SCHACHTSCHABEL (1989): Lehrbuch der Bodenkunde.- 12. Aufl. Stuttgart.

SCHMINCKE, H.-U. (1986): Vulkanismus.- Darmstadt.

SCHNÜTGEN, A. & H. SPÄTH (1983): Mikromorphologische Sprengung von Quarzkörnern durch Eisenverbindungen in tropischen Böden. - Z. Geomorph. Suppl. 48, 17-34.

SCHNÜTGEN, A. (1992): Spheroidal weathering, granular disintegration and loamification of compact rock under different climatic conditions.- Z. Geomorph. N.F., Suppl.Bd.91, 79-94.

SCHRÖTER, D. (1984): Mineralogie und Geochemie des tonig- kalkig-phosphathaltigen Alttertiärs im Sokoto-Becken, NW-Nigeria. - Dipl.Arb. Hamburg.

SCHWARZ, T. (1989): Lateritic Bauxite in the Vogelsberg Area, West-Germany.- In: BUSCHE, D. (Ed.): Second International Conference on Geomorphology, Frankfurt Sep 3-9, 1989, Abstracts of Posters and Papers.- Geoöko-Plus 1,257.

SCHWARZ, T., K. FISCHER & K. GERMANN (1990): Untersuchungen zur Verbreitung und Genese lateritischer Eisenanreicherungen in Sedimenten der "Nubischen Gruppe" Oberägyptens und des Nord-Sudans.- Zbl. Geol. Paläont. Teil I, H.9/10, 1479-1493.

SCHWARZBACH, M. (1974): Das Klima der Vorzeit.- Stuttgart.

SCHWERTMANN, U. (1988a): Occurence and formation of iron in various pedoenvironments. p. 267-302. In: STUCKI, J.W., B.A. GOODMANN & U. SCHWERTMANN (eds): Iron in Soils and Clay Minerals. Reidel Publ. Co., Holland.

SCHWERTMANN, U. (1988b): Some properties of soil and synthetic iron oxides. p. 203-244 In: STUCKI, J.W., B.A. GOODMANN & U. SCHWERTMANN (eds): Iron in Soils and Clay Minerals. Reidel Publ. Co., Holland.

SCHWERTMANN, U. (1988c): Goethite and hematite formation in the presence of clay minerals and gibbsite at 25°C.- Soil Science Soc. of America Journal 52, 288-291.

SEMMEL, A. (1980): Geomorphologische Arbeiten im Rahmen der Entwicklungshilfe - Beispiele aus Zentralafrika und Kamerun. - Geoökodynamik 1, 101-114.

SEMMEL, A. (1991): Relief, Gestein, Boden. Grundlagen der Physischen Geographie I.- Darmstadt, 148 S.

SERVANT, M. (1973): Séquences continentales et variations climatiques: évolution du bassin du Tchad au Cénozoique supérieur. - Paris.

SERVANT, M. & SERVANT-VILDARY, S. (1980): L`environnement Quaternaire du bassin du Tchad. - In: WILLIAMS, M & H. FAURE (Eds): The Sahara and the Nile, 133-162.

SEUFFERT, O. (1976): Formungsstile im Relief der Erde. Programmierung,Prozesse und Produkte der Morphodynamik im Abtragungsbereich.- Braunschweiger Geogr. Sudien 1.

SEUFFERT, =. (1981): Zur Theorie der Fließwassererosion.- Geoökodynamik 2, 141-164.

SHAW, T. (1978): Nigeria, its Archaeology and early History. - London.

SMITH, B.J. (1982): Effects of climate and land-use change on gully development: an example from northern Nigeria. - Z. Geomorph., N.F., Suppl.Bd. 44, 33-51.

SMITH, B.J. & W.B. WHALLEY (1981): Late Quaternary drift deposits of North Central Nigeria examined by scanning electron microscopy. - Catena 8, 345-367.

SMYTH, A.J. & R.F. MONTGOMERY (1962): Soils and landuse in Central Western Nigeria. - Ibadan, 265 p.

SOMBROEK, W.G. (1971): Ancient levels of plinthization in Rima-Sokoto-River Basin. - In: YAALON, D.H. (Ed.): Palaeopedology: origin, nature and dating of palaeosols. -329-338.

SOMBROEK, W.G. & J.S. ZONNEVELD (1971): Ancient dune fields and fluviatile deposits in the Rima-Sokto-River Basin, Northwest Nigeria. - Soil Surv. Paper No 5.

SOWUNMI, M.A. (1981a): Aspects of Late Quaternary vegetational changes in West Africa. - Journ. of Biogeogr. Oxford, 8(6), 457-474.

SOWUNMI, N.A. (1981b): Nigerian vegetational history from the Late Quaternary to the present day. - Palaeoecol. Africa 13, 217-234.

SPÄTH, H. (1981): Bodenbildung und Reliefentwicklung in Sri Lanka. - In: BREMER, H., A. SCHNÜTGEN & H. SPÄTH (1981): Zur Morphogenese in den feuchten Tropen: Relief, Boden, Paläoklima, Bd. 1, 185-238.

SPÄTH, H. (1985): Relief generation and soil in the dry zone of Sri Lanka. - In: DOUGLAS, I. & T. SPENCER (Eds.): Environmental change and tropical geomorphology,303-315.

SPÄTH, H. & F.M. MBESHERUBUSA (1982): Die Datierung von Eisenanreicherungen mit Hilfe des Mößbauer-Effektes. - Z. Geomorph. Suppl. 43, 203-213.

SPÄTH, H. & H. BREMER (1989): Bodenfruchtbarkeit und Reliefgenese in Nordaustralien.- Die Erde 120, Regionaler Beitrag, 121-130

SPÖNEMANN, J. (1974): Studien zur Morphogenese und rezenten Morphodynamik im mittleren Ostafrika. - Göttinger Geogr. Abh. 62, 1-98.

SPÖNEMANN, J. (1979): Die Flächenbildung im Bereich des ostafrikanischen Grabens in Abhängigkeit von der Tektonik. Das endogene Gefüge von Rumpfgebirgen, Rumpfflächen und Rumpfstufen. - Festschr. 42. Dt. Geographentag Göttingen, 89-123.

SPÖNEMANN, J. (1987): Rumpfflächenstudien in Queensland.- Berliner geographische Studien 24, 1-13.

SPÖNEMANN, J. (1989): Rumpfflächenstockwerke in Ost- und Südwestafrika und ihre Bedeutung für eine Theorie der Rumpfflächenbildung.- Bayreuther Geowiss. Arb. 14, 141-157.

SPÖNEMANN, J. & E. BRUNOTTE (1989): Zur Reliefgeschichte der südwestlichen Randschwelle zwischen Huab und Kuiseb.- Z. Geomorph. Suppl. 74, 111-125.

SPONHOLZ, B. (1989): Karsterscheinungen in nichtkarbonatischen Geteinen der östlichen Republik Niger.- Würzburger Geogr. Arb.75.

STEIN, R. (1984): Zur neogenen Klimaentwicklung in Nordwest-Afrika und Paläo-Ozeanographie im Nordost-Atlantik. - Geol.- Paläontol. Inst. u. Museum Kiel, Berichte Nr. 4.

STEUBER, T. (1991): Sauerstoff-Isotopenverhältnisse nigerianischer Grundwässer.- Sonderveröff. Geol. Inst. Univ. Köln 82, 433-437.

STOOPS, G. (1989): Relict properties in soils of humid tropical regions with special reference to Central Africa.- Catena Suppl.16, 95-106.

STREET-PERROT, F.A., N. ROBERTS & S. METCALFE (1985): Geomorphic implications of late Quaternary hydrology and climatic changes in the Northern Hemisphere tropics. - In: DOUGLAS, I. & T. SPENCER (Eds.): Environmental change and tropical geomorphology,165-183.

TAKAHASHI, K. & U. JUX (1989): Palynology of Middle Tertiary lacustrine deposits from the Jos Plateau, Nigeria. - Bull. Fac. Liberal Arts, Nagasaki Univ., Natural Sci. Vol. 29/2, 181-367.

TALBOT, M.R., D.A. LIVINGSTONE. P.G. PALMER, J. MALEY, J.M. MELACK, G. DELIBRIAS & S. GULLIKSEN (1984): Preliminary resuls from sediment cores from Lake Bosumtwi, Ghana. - Palaeoecol. Africa 16, 173-192.

TARDY, Y., B.KOBILSEK & H.PAQUET (1991): Mineralogical composition and geographical distribution of African and Brazilian periatlantic laterites. The influence of continental drift and tropical paleoclimates during the past 150 million years nad implications for India and Australie.- In: LANG, J. (Ed.): Sedimentary and diagenetic dynamics of continental Phanerozoic sediments in Africa, J. African Earth Sci. 12 no 1/2, 283-295.

THIEMEYER, H. (1992a): On the age of the Bama Ridge - A new 14 C-record from Konduga area, Bornos State, NE-Nigeria.- Z. Geomorph. N.F. 36, 113-118.

THIEMEYER, H. (1992b): Desertification in the ancient erg of NE-Nigeria.- Z.Geomorph N.F., Suppl.bd.91, 197-208.

THOMAS, M.F. (1965): Some aspects of the geomorphology of domes and tors in Nigeria. - Z. Geomorph. 9, 63-81.

THOMAS, M.F. (1966): Some geomorphological implications of deep weathering patterns in crystalline rocks in Nigeria. -Transact Inst. British Geographers 40, 173-193.

THOMAS, M.F. (1967): A Bornhardt Dome in the Plains near Oyo, Western Nigeria. - Z. Geomorph. 11, 239-261.

THOMAS, M.F. (1974): Tropical geomorphology. - London.

THOMAS, M.F. (1978): Chemical denudation, lateritization and landform development in Sierra Leone. - In: ALEXANDRE, J. (Ed.): Géomorphologie dynamique dans les zones intertropicales. Presses Universitaires du Zaire (= Géo-Eco-Trop. 1978, 2), 243-264.

THOMAS, M.F. (1983): Contemporary denudation systems and the effects of climatic change in the humid tropics - some problems from Sierra Leone. - In: BRIGGS, D.J. & R.S. WATERS (Eds.): Studies in Quaternary geomorphology, 195-214.

THOMAS, M.F. (1989a): The role of etch processes in landform development. I. Etching concepts and their applications. - Z. Geomorph. 33, 129-142.

THOMAS, M.F. (1989b): The role of etch processes in landform development. II. Etching and the formation of relief. - Z. Geomorph. 33, 257-274.

THOMAS, M.F. & M.B. THORP (1980): Some aspects of the geomorphological interpretation of Quaternary alluvial sediments in Sierra Leone. - Z. Geomorph. Suppl. 36, 140-161.

THOMAS, M.F. & M.B. THORP (1985): Environmental change and episodic etchplanation in the humid tropics of Sierra Leone: the Koidu etchplain. - In: DOUGALS, I. & T. SPENCER (Eds.): Environmental change and tropical geomorphology, 239-267.

THORBECKE, F. (1951): Im Hochland von Mittel-Kamerun. Teil 4, Hälfte 2. Physische Geographie des Ost-Mban-Landes. - Univ. Hamburg. Abh. a.d. Gebiet der Auslandskunde.

THORP, M.B. (1967a): Closed basins in younger granite massifs, Northern Nigeria. - Z. Geomorph. 11, 459-480.

THORP, M.B. (1967b): The geomorphology of the Kudaru Younger Granite Hills, Northern Nigeria. - Nigerian Geogr. Journ. 10, 77-90.

THORP, M.B. (1967c): Jointing patterns and the evolution of landforms in the Jarawa granite massif, Northern Nigeria. - In: LAWTON, R. & R.W. STEEK (Eds.): Essays in Geography, Univ. of Liverpool.

THORP, M.B. (1970): Landforms. - In: MORTIMORE, M.J. (ed.): Zaria and its region, Dept. of Geogr. Zaria, Occasional Paper no 4, 13-32.

THORP, M.B. (1975): Geomorphic evolution in the Liruei Younger Granite Hills, Nigeria. - Savanna 4/2, 139-154.

TIETZ, G. (1987a): Lösung und Ausheilung tropisch verwitterter Quarze an einem Oberkreide-Sandstein (SW-Nigeria).- Facies 17,267-276.

TIETZ, G. (1987b): Mineral distribution and feldspar weathering in a saprolite from Northeastern Nigeria.- Chemical geology 60, 163-176.

TOKARSKI, A. (1972): Geological elements of terraces near Ahmadu Bello University. - Savanna 1, 110-112.

TORRENT, J. & U. SCHWERTMANN (1987): Influence of hematite on the color of red beds.- J. Sedimen. Petrol 57, 121-125.

TURNER, B. (1975): Geomorphological contrasts across the Niger-Chad watershed. - Savanna 4/2, 191-196.

TURNER, B. (1985): The classification and distribution of fadamas in central Northern Nigeria. - Z. Geomorph. Suppl. 52, 87-113.

TURNER, D.C. (1972): Structure and tectonic setting of the Younger Granite Ring Complexes of Nigeria and Southern Niger, Part I: Ring complexes and their component units. - Savanna 1, 223-236.

TURNER, D.C. (1976): Evidence for age of laterites near Biu, North-East Nigeria. - Savanna 5/1, 83-84.

TWIDALE, C.R. (1981): Granitic inselbergs: domed, block-strewn and castellated. - Geogr. J. 147, 54-71.

TWIDALE, C.R. (1982): Granite landforms. - Amsterdam.

TWIDALE, C.R. (1984): Role of subterranean water in landform development in tropical and subtropical regions. - In: LaFLEUR, R.G. (Ed.): Groundwater as a geomorphic agent, 91-134.

TWIDALE, C.R. (1988): Sinkholes (dolines) in lateritized sediments, Western Sturt Plateau, Northern Territory, Australia.- Geomorphology 1,

TWIDALE, C.R. & J.A. BOURNE (1975): The subsurface initiation of some minor granite landforms. - J. Geol. Soc. Austr. 22, 477-484.

VAIL, P.R. & J. HARDENBOL (1979): Sea-level changes during the Tertiary. - Oceanus 22, 71-79.

VAIL, P.R., R.M. MITCHUM & S. THOMPSON (1977): Seismic stratigraphy and global changes of sea level, part 4: global cycles of relative charge of sea-level. - Am. Ass. of Petr. Geol., mem. 26, 83-97.

VALETON, I. (1973): Considerations for the description and nomenclature of bauxite. - Trav. I.C.S.O.B.A. Zagreb 9, 105-107.

VALETON, I. (1983): Klimaperioden lateritischer Verwitterung und ihr Einfluß auf die marine Sedimentation. -Z. dt. Geol. Ges. 134,413-452.

VALETON, I. (1991): Bauxites and associated terrestrial sediments in Nigeria and their position in the bauxite belts of Africa. - In: LANG, J. (Ed.): Sedimentary and diagenetic dynamics of continental Phanerozoic sediments in Africa, J. of African Earth Sciences 12, no 1/2,297-310.

VALETON, I. & H. BEISSNER (1986): Geochemistry and mineralogy of the Lower Tertiary in situ laterites on the Jos Plateau, Nigeria. - J. African Earth Sci.5, 535-550.

VIERS, G. & R. ZEESE (1985a): Formungssysteme. - In: MEYNEN, E. (Ed.): Internat. Geogr. Gloss.,327-328.

VIERS, G. & R. ZEESE (1985b): Rumpffläche. - In: MEYNEN, E. (Ed.): Internat. Geogr. Gloss., 960-962.

VOUTE, C. (1959): Geological and morphological evolution of the Niger and Benue valleys. - Actes du IV Congr. Panafricain de Préhist. et de l'Étude du Quaternaire, Tervuren, 189-207.

WAYLAND, E.J. (1933): The peneplains of East Africa. Geogr. Journ. 82, 95.

WENZENS, G. (1978): Zur Genese von Schwemmfächern und Pedimenten in den Basin- und Range-Landschaften Nordamerikas. - Z. Geomorph., N.F., Suppl.Bd. 30, 74-92.

WHITACKER, C.R. (1979): the use of the term "pediment" and related terminology. - Z. Geomorph., N.F. 23, 427-439.

WHITEMAN, A. (1982): Nigeria: its petroleum geology, resources and potential, 2 Bde. - London/Edinburgh.

WILHELMY, H. (1990): Geomorphologie in Stichworten. II Exogene Morphodynamik.- Unterägeri.

WILKE, B.M., B.J. DUKE & W.L.O. JIMOH (1984): Mineralogy and chemistry of Harmattan dust in Northern Nigeria. - Catena 11, 91-96.

WILLIAMS, M.A.J. (1985): Pleistocene aridity in tropical Africa, Australia and Asia. - In: DOUGLAS, I. & T. SPENCER (Eds.): Environmental change and tropical geomorphology, 219-233.

WIRTHMANN, A. (1965): Die Reliefentwicklung von Neukaledonien. - Dt. Geographentag Bochum (Wiesbaden 1967), 323-335.

WIRTHMANN, A. (1970): Zur Geomorphologie der Peridotite auf Basalt unter tropischen Klimaten. -Tübinger Geogr. Stud. 34, 191-201.

WIRTHMANN, A. (1983): Lösungsabtrag von Silikatgesteinen und Tropengeomorphologie. - Geoökodynamik 4, 149-172.

WIRTHMANN, A. (1987): Geomorphologie der Tropen. - Darmstadt.

WOPFNER, H. (1978): Silcretes of northern South Australia and adjacent regions. - In: LANGFORD-SMITH, T. (Ed.): Silcrete in Australia (Dept. of Geogr. Univ. of New England, Armindale), 93-141.

WOPFNER, H. (1983a): Environment of silcrete formation: a comparison of examples from Australia and the Cologne Embayment, West Germany. - In: WILSON, R.C.L. (Ed.): Residual deposits: Surface related weathering processes and materials, Oxford (Blackwell Sci.), 151-166.

WOPFNER, H. (1983b): Kaolinisation and the formations of silicified wood on late Jurassic Gondwana surfaces. - In: WILSON, R.C.L. (Ed.): Residual deposits: Surface weathering processes and materials, Geol. Soc. London, Spec. Publ. 11, 27-31.

WRIGHT, J.B. (1976): Origin of the Benue trough - a critical review. - In: KOGBE, C.A. (Ed.): Geology of Nigeria, 309-317.

WRIGHT, J.B. & p. MC CURRY (1970): Geology. - In: MORTIMORE, M.J. (Ed.): Zaria and its region. Zaria, Dept. of Geogr., Occ. Paper 4, 5-12.

ZEESE, R. (1983): Reliefentwicklung in Nordost-Nigeria - Reliefgenerationen oder morphogenetische Sequenzen. - Z. Geomorph. Suppl. 48, 225-234.

ZEESE, R. (1989): Einwirkungen junger Tektonik auf die Reliefentwicklung in der Umgebung des Jos-Plateaus Nigeria. - Z. Geomorph. Suppl. 74, 83-93.

ZEESE, R. (1990): Duricrusts as morphostratigraphic markers on planation surfaces in Central and Northeast Nigeria. - Pedologie XL/1, Ghent, 55-63.

ZEESE, R. (1991a): Paleosols of different age in Central and Northeast Nigeria. -In: LANG, J. (Ed.): Sedimentary and diagenetic dynamics of continental Phanerozoic sediments in Africa, J. of African Earth Sciences, vol.12, no.1/2, 311-318.

ZEESE, R. (1991b):Fluviale Geomorphodynamik im Quartär Zentral- und Nordostnigerias. - Freiburger Geogr. H. 33, 199-208.

ZEESE, R. (1991c): Äolische Ablagerungen des Jungquartär in Zentral- und Nordostnigeria.- Sonderveröff. Geol. Inst. Univ. Köln 82, 343-351.

ZEESE, R. (1992a): Der Wandel endogener und exogener Steuerung in der Landschaftsentwicklung von Zentral- und Nordostnigeria seit dem Ausgang des Mesozoikums.- Zbl. Geol. Paläontol. Teil I, 1991, H.11, 2713-2719.

ZEESE, R. (1992b): Tertiäre Feuchtklimate, ihre Altersstellung und ihre Auswirkung auf die Landschaftsentwicklung in Zentral- und Nordostnigeria.- Zbl. Geol. Paläontol. Teil I, 1991, H.11, 2740-2741.

ZEESE, R. (1993a): Paläoböden und Relief in Nigeria - Indikatoren vorzeitlicher Umwelteinflüsse.- Poster-Ausstellung Geotechnica Köln.

ZEESE, R. (1993b): Die mesozoisch-tertiären Verwitterungsdecken von Nigerianischem und Rheinischem Schild - Ein Vergleich.- Mitt. Dt. Bodenkundl. Ges. 72, 1507-1510.

ZEESE, R. (1993c): Flächenbildung und Flächenumgestaltung in Nigeria seit dem Tertiär.- Berliner Geogr. Arb.79, 188-225.

ZEESE, R., U. SCHWERTMANN, G.F. TIETZ & U. JUX (1994): Mineralogy and stratigraphy of three deep lateritic profiles of the Jos plateau (Central Nigeria), Catena 21, 195-214.

ZONNEVELD, J.I.S. (1975): Some problems of tropical geomorphology. - Z. Geomorph., N.F. 19, 377-392.

ZONNEVELD, J.I.S., P.N. DE LEEUW & W.G. SOMBROEK (1971): An ecological interpretation of aerial photographs in a savanna region in Northern Nigeria. - ITC-Publ. Ser. B., No 63, 41 p.

Unterlagen für die flächendeckende Erfassung der tiefgründigen Verwitterungsdecken und der Vegetationsformationen, sämtlich erschienen bei Land Resources Division, Tolworth Tower, Surbiton, Surrey, England:

AITCHISON, P.J., M.G. BAWDEN, D.M. CARROLL, P.E. GLOVER, K.KLINKENBERG, P.N. de LEEUW & P. TULEY (1972): The land resources of North East Nigeria, vol.1 The environment.- Land Resource Study 9.

BENNETT, J.G., I.D. HILL, A.A. HUTCHEON, J.E. MANSFIELD, L.J. RACKHAM & A.W. WOOD (1976):Land recources of central Nigeria. Landforms, Soils and vegetation of the Benue Valley.- Land Resources Report 7.

BENNETT, J.G,, A.A. HUTCHEON, W.B. KERR, J.E. MANSFIELD & L.J. RACKHAM (1977):Land resources of Central Nigeria. Environmental aspects of the Kaduna Plains.- Land Resources Report 19.

BENNETT, J.G., A.A. HUTCHEON, J. IBANGA, W.B. KERR, J.E. MANSFIELD, L.J. RACKHAM & J. VALETTE (1978): Land recources of Central Nigeria. Environmental aspects of the Kano Plains.- Land Recources Report 20.

BENNETT, J.G., A. BLAIR RAINS, P.N. GOSDEN, W.J. HOWARD, A.A. HUTCHEON, W.B. KERR, J.E. MANSFIELD, L.J. RACKHAM & A.W. WOOD (1979): Land resources of Central Nigeria. Agricultural development possibilities.- Land Resources Study 29.

vol.1: Bauchi Plains.-

vol.2: Jos Plateau.-

vol.3: The Jema'a Platform.-

vol.4: The Benue Valley.-

Anhang 1/1

Alter und Kalium/Argon Analysedaten aus GRANT et al. 1972

Sample No.	Rock type	Area[a]	% K	^{40}Ar rad. scc/g $\pm$ 10^{-6}	% ^{40}Ar radiogenic	Age m.y.
Benue valley						
DD 2	Trachyte	Wase	4.56	2.630	62.7	14.4 ± 0.4
DB 12	Phonolite	Bambam	3.36	3.068	49.0	22.8 ± 0.6
DB 13	Phonolite	Bambam	3.45	2.974	56.4	21.4 ± 0.5
				2.945	57.2	
DB 17	Trachyte	Filiya	4.13	1.919	50.6	11.6 ± 0.3
DB 48	Phonolite	Biliri	4.67	2.093	30.7	11.2 ± 0.2
				2.064	30.9	
DB 51	Trachyte	Biliri	4.44	2.143	68.9	12.0 ± 0.3
DB 52	Trachyte	Biliri	4.22	2.045	52.1	12.0 ± 0.3
DB 60	Phonolite	Biliri	3.42	1.588	33.1	11.6 ± 0.2
				1.583	39.9	
DJ 1	Basalt[b]	Bembel	0.79	0.159	16.8	4.9 ± 0.2
				0.152	11.6	
DJ 2	Basalt[b]	Ngurore	0.57	0.117	27.6	5.0 ± 0.2
				0.108	22.1	
				0.120	16.6	
DB 1	Alkali olivine basalt	Dadin Kowa	1.34	4.670	75.0	86.0 ± 2.0
				4.708	74.8	
DB 10	Nepheline melabasalt	Biliri	1.38	0.206	22.4	3.7 ± 0.1
DB 43	Olivine basanite	Biliri	1.86	0.541	26.6	7.4 ± 0.2
DB 58	Alkali olivine basalt	Biliri	1.16	0.171	13.3	3.7 ± 0.2
DB 64	Olivine basalt	Biliri	1.82	0.177	14.9	2.5 ± 0.1
Biu plateau						
DF 1	Basalt[b]	Biu	1.23	0.069	23.9	1.4 ± 0.1
DF 8	Basalt[b]	Biu	1.20	0.223	38.5	4.7 ± 0.1
DB 29	Olivine basanite	Biu	1.19	0.019	2.3	< 0.8
DB 34	Alkali olivine basalt	Biu	1.08	0.217	22.9	5.0 ± 0.2
15 BI[c]	Basalt[b]	Biu	1.40	0.152	15.7	2.9 ± 0.1
				0.172	23.9	
Jos plateau						
DE 1	Basalt[b]	Kass hill	1.31	0.077	27.4	1.5 ± 0.1
DE 2	Basalt[b]	Vom	1.82	0.064	16.4	0.9 ± 0.2
DE 10	Basalt[b]	Bassa	1.40	0.117	25.9	2.1 ± 0.1

Analyst: D.C.Rex.

Decay constants: $\lambda_\beta = 4.72 \times 10^{-10}$ yr^{-1}, $\lambda_e = 0.584 \times 10^{-10}$ yr^{-1}, ^{40}K/K = 0.0119 atomic %.

[a] Full locality given in Appendix 1.
[b] Rock name based on thin section examination. All other samples have been chemically analysed (S. J. Freeth, unpublished), and named on the basis of CIPW norms.
[c] Analyst: A. E. Evans; result communicated by J. M. Ade-Hall.

Anhang 1/2

Lokalitäten der analysierten Proben aus GRANT et al. 1972

Sample no.	Locality
Benue Valley	
DD 2	Plug. Wase rock (9°04'30"N, 9°57'40"E).
DB 12	Plug 4.4 miles west of Bambam, on the northern side of the Gombe-Biu road (9°42'12"N, 11°28'24"E).
DB 13	Same locality as DB 12.
DB 17	Plug 1.9 miles east of Filiya on the northern side of the Filiya-Dadiya track (9°35'42"N, 11°08'13"E).
DB 48	Large plug 0.6 miles south of Chongwom (9°46'40"N, 11°14'55"E).
DB 51	Plug 1.5 miles south-west of Chongwom, the sample was taken from the outer part of the plug (9°46'45"N, 11°14'05"E).
DB 52	Same locality as DB 51, sample taken from inner part of the plug.
DB 60	Southern end of large plug 1.4 miles N 250°E of Labore Peak (9°48'00"N, 11°10'00"E).
DJ 1	Plug near mile post 24 on the Numan-Yola road, 5.5 miles northwest of Ngurore (9°22'N, 12°11'E).
DJ 2	Plug. Ngurore North (9°18.5'N, 12°14'E).
DB 1	Lava flow near Dadin Kowa, 21 miles east of Gombe on the Gombe-Biu road (10°16.5'N, 11°28.5'E).
DB 10	Plug. Biliri Hill 2 miles south of Biliri village (9°50'10"N, 11°13'05"E).
DB 43	Hill 1.8 miles N 130°E of Biliri (9°50'45"N, 11°14'35"E).
DB 58	Plug. 0.8 miles west of Biliri Hill (9°50'22"N, 11°12'24"E).
DB 64	Volcanic cone 0.6 miles north-west of Kalmai, on the Biliri-Filiya road (9°52'30"N, 11°11'45"E).

Biu Plateau

For the Biu Plateau all localities are given relative to the old road which ran south from Damaturu, through Biu and on to Little Gombi. The new road, construction date 1971/72, follows much the same line as the old road except for the Biu-Shani section which follows a much shorter route. All distances given in miles are based on car odometer readings along the old road.

Sample no.	Locality
DF 1	Lava flow, bed of the Hawal River on the Biu-Garkida road (10°23'32"N, 12°32'26"E).
DF 8	Top lava flow on the northern side of Tilla lake caldera (10°33'00"N, 12°07'55"E).
DB 29	Lava flow at the northern edge of the Biu Plateau, 35.6 miles north of Biu Rest House on the old Biu-Damaturu road (11°04'N, 12°03'E).
DB 34	Lava flow near Kuvai, 17.2 miles south of Biu Rest House on the road to Shani and 1.8 miles north of the southern edge of the Biu Plateau (10°25'30"N, 12°09'30"E).
15 BI	Lava flow underlying Biu town, sampled east of the Yola road immediately south of Rest House (10°35'40"N, 12°11'30"E).
Jos Plateau	
DE 1	Volcanic cone, Kass Hill (9°36'N, 8°53.5'E).
DE 2	Volcanic cone behind Vom Rest House (9°44'N, 8°47'E).
DE 10	Lava flow 2.4 km east of Bassa on the Buka Bokwai-Bassa road (9°56'05"N, 8°45'45"E).

Anhang 1/3

Kalium/Argon Analysedaten aus RUNDLE 1976

Sample Details		KA/ref	% K	% Atm ^{40}Ar	Vol. Rg ^{40}Ar (nl/g)	Apparent age and error (Ma)
Newer Basalts						
B1	KASSA FLOW (oldest)	74/197	0,899	95,08	0,0793	2.2 ± 0.5
B2		76/25	0,837	97,62	0,0720	2.2 ± 0.8
B11	PANYAM FLOW (youngest)	74/198	1,524	65,85	0,1491	2.5 ± 0.1
B12		76/28	1,217	96,23	0,0209	0.5 ± 0.2
B17	HOSS FLOW (middle)	76/27	0,954	74,97	0,1504	4.0 ± 0.1
B18		76/26	1,129	63,58	0,2066	4.6 ± 0.1
Older Basalts						
B3		74/199	1,715	52,26	0,5223	7.6 ± 0.2
B4		76/30	1,854	69,68	0,4496	6.1 ± 0.2
B5		74/200	1,282	54,77	0,4202	8.2 ± 0.4
B6		76/29	1,192	70,81	0,3994	8.4 ± 0.3
B7		74/201	0,986	71,61	0,1944	4.9 ± 0.5
B9		74/202	0,626	76,18	0,2779	11.1 ± 0.4
B13		74/203	1,298	54,92	0,2979	5.7 ± 0.2

Constants used:
$$-\lambda^e = 0.584 \times 10^{-10} \text{ a}^{-1}$$
$$-\lambda^o = 4.72 \times 10^{-10} \text{ a}^{-1}$$
$$^{10}k/k = 0,0119 \text{ atom \%}$$

Errors quoted at the one sigma level and represent setimates of the analytical precision only

Anhang 1/4

Kalium/Argon-Analysedaten des Labors AMDEL/Australien

Sample	%K	$^{40}Ar^*(\times 10^{-10} moles/g)$	$^{40}Ar^*/^{40}Ar_{Total}$	Age[†]
BN1	1.483 1.479	0.02062	0.195	0.801±0.020
BN4	1.319 1.319	0.19326 0.19784	0.809 0.806	8.43±0.11 8.63±0.10
BN6	1.624 1.626	0.08408	0.630	2.98±0.05
BN7	1.321 1.324	0.13723	0.662	5.97±0.07
BN8	1.230 1.226	0.02086	0.443	0.979±0.049
IV-18	0.7209 0.7242	0.34351 0.34127	0.842 0.826	27.2±0.2 27.0±0.2
N86/6	0.7759 0.7793	0.47303	0.689	34.7±0.2

* Denotes radiogenic ^{40}Ar.

† Age in Ma with error limits given for the analytical uncertainty at one standard deviation.

Constants: ^{40}K = 0.01167 atom %

λ_β = $4.962 \times 10^{-10} y^{-1}$

λ_ϵ = $0.581 \times 10^{-10} y^{-1}$

Anhang 2

Ergebnisse von C14-Datierungen

Blatt-Nr.:

¹⁴C- und ³H-Laboratorium
NIEDERSÄCHSISCHES LANDESAMT FÜR BODENFORSCHUNG
Alfred-Bentz-Haus · Postfach 51 01 53 · 3000 Hannover 51 · ☎ (0511) 6 43-2537/2538

Kommentar zu den Ergebnissen der ¹⁴C-, δ^{13}C- und ³H-Analysen

Die in der Zusammenstellung angegebenen konventionellen ¹⁴C-Alter wurden mit der LIBBY-Halbwertszeit von 5570 Jahren berechnet und durch Bezug auf den NBS-Oxalsäure-Standard der internationalen Radiokohlenstoff-Zeitskala angepaßt. Die ¹⁴C-Daten sind δ^{13}C-korrigiert (PDB), soweit die δ^{13}C-Werte angegeben sind und es sich nicht um Grundwasser- oder Kalksinterproben (Wa, Ks) handelt. Die Standardabweichungen ($\pm$-Werte) schließen alle technischen und durch die chemische Aufbereitungsmethodik entstandenen Fehler ein. Unberücksichtigt bleiben Unsicherheiten, die durch die Art, die Wahl, die Entnahme, die Lagerung, eine Konservierung, eine Kontamination o. ä. der Proben bedingt sind.

Das „wahre" konventionelle ¹⁴C-Alter liegt mit 68%iger Wahrscheinlichkeit innerhalb der durch das gemessene konventionelle ¹⁴C-Alter und dessen Standardabweichungen festgelegten Zeitintervalles. Wird es verdoppelt, erhöht sich die Wahrscheinlichkeit auf 95,5 %, das wahre konventionelle ¹⁴C-Alter zu erfassen. ¹⁴C-Maximalalter werden mit einer Sicherheitswahrscheinlichkeit von 97,5 % (2σ-Intervall) angegeben.

Die dendrochronologisch korrigierten ¹⁴C-Alter entsprechen, sofern sie angegeben sind, der Kalenderrechnung. Sie lassen sich, unabhängig von der wirklichen Größe der ¹⁴C-Halbwertszeit, direkt mit historisch belegten Daten vergleichen.

Für junge Grundwässer werden „mittlere Verweilzeiten" berechnet, für alte Grundwässer „Wasseralter". Beide Angaben sind meist wesentlich kleiner als die konventionellen ¹⁴C-Alter.

(Fortsetzung umseitig)

Zusammenstellung der Ergebnisse

Labor Hv	Probenbezeichnung Gelände	Fund-tiefe [m]	Art*	δ^{13}C [‰]	Konventionelle ¹⁴C-Alter [Jahre vor 1950] ±	¹⁴C-Gehalt [% modern] ±	³H-Gehalt [T.U.] im: ±	Bemerkungen
13489	N 22	-	Prt.	-27,9	1837 0 ± 1175	10,2 ± 1,5	±	
17807	N 91-2	37,0	Hyd. de	-28,7	16490 ± 355	±	±	
17808	N 43 n	4,5	Hk/To	-29,0	3455 ± 65	±	±	
17809	N 91-1	52,0	Bud. de	-26,8	18610 ± 530	±	±	
					±	±	±	
					±	±	±	
					±	±	±	
					±	±	±	
					±	±	±	

*Hz = Holz, Hk = Holzkohle, To = Torf, Mu = Mudde, Kn = Protein-Extrakt aus Knochen, Sc = Schalen, Wa = Wasser, Ks = Kalksinter, Hs = Huminsäuren

Anhang 3

Schwermineralassoziationen in Zentral- und Nordost-Nigeria (zur Lage der Proben s. Fig. 29)
(bestimmt durch AOR Dr. A. Schnütgen, Geographisches Institut Köln)

Verwitterungsresistenz abnehmend

Probe	Zir	Tit	Zin	Rut	Top	Tur	Epi	Met	Gra	gr.Hbl	br.Hbl	Pyr	Alt	andere	Opake	Körner <100

1. Jos-Plateau und Umgebung

Kwandonkaya-Berge

Probe	Zir	Tit	Zin	Rut	Top	Tur	Epi	Met	Gra	gr.Hbl	br.Hbl	Pyr	Alt	andere	Opake	Körner <100
205	1	-	-	-	99	-	-	-	-	-	-	-	-	-	9	
206	8	-	-	-	92	-	-	-	-	-	-	-	-	-	41	
210	10	-	26	-	63	-	-	-	-	-	-	-	-	-	33	
211	20	-	-	-	63	-	17	-	-	-	-	-	-	-	73	
368	-	-	-	2	95	-	-	-	-	-	3?	-	-	-	8	

Ropp-Berge

Probe	Zir	Tit	Zin	Rut	Top	Tur	Epi	Met	Gra	gr.Hbl	br.Hbl	Pyr	Alt	andere	Opake	Körner <100
374	85	-	-	-	-	2	2	-	-	-	7	-	-	4 unb.	220	
375	97	-	-	-	-	-	-	-	1	1	-	-	-	1 unb.	79	
376	100	-	-	-	-	-	-	-	-	-	-	-	-	-	57	
377	97	-	-	2	-	-	-	-	-	-	1	-	-	-	192	

Delimi-Fluß

Probe	Zir	Tit	Zin	Rut	Top	Tur	Epi	Met	Gra	gr.Hbl	br.Hbl	Pyr	Alt	andere	Opake	Körner <100
18	3	-	-	-	-	-	-	1	15	4	31	16	6	24	45	
65	35	-	-	-	-	3	6	22	19	2	-	-	-	-	276	

Ngell-Fluß

Probe	Zir	Tit	Zin	Rut	Top	Tur	Epi	Met	Gra	gr.Hbl	br.Hbl	Pyr	Alt	andere	Opake	Körner <100
22	87	-	-	-	3	-	3	-	4	2	-	-	-	-	350	
23	92	-	1	-	-	-	1	-	-	-	-	-	-	-	275	85
24	97	-	-	1	-	-	1	1	-	-	-	-	-	-	111	
25	98	-	-	1	-	-	-	-	-	-	-	-	-	1 unb.	135	

Mongu-Fluß

Probe	Zir	Tit	Zin	Rut	Top	Tur	Epi	Met	Gra	gr.Hbl	br.Hbl	Pyr	Alt	andere	Opake	Körner <100
378	52	-	-	12	-	16	-	-	-	-	-	-	8 unb.	12 Mon.	1100	25
379	97	-	-	2	-	-	-	-	-	-	1	-	-	-	243	
380	46	-	-	1	-	28	20	-	-	-	-	-	-	5 unb.	554	

2. Benue-Gongola-Tiefland

Wase-Fluß

	Zir	Tit	Zin	Rut	Top	Tur	Epi	Met	Gra	gr.Hbl	br.Hbl	Pyr	Alt	andere	Opake	Körner <100
276	-	-	-	-	-	-	-	1	70	12	3	1	2	11 unb.	52	
278	-	-	-	-	-	-	-	3	17	76	3	3	-	1 unb.	4	
280	-	-	-	-	-	-	-	18	28	10	25	5	8	6 unb.	140	

Benue-Fluß

34	3	-	-	2	-	6	15	-	3	10	58	2	-	1 Hyp.	18	
355	76	-	-	3	-	-	-	4	2	8	4	-	-	-	3 unb.	642
356	+	+	+	+	-	-	-	-	-	-	-	-	-	-	-	
358	91	-	-	-	-	2	-	-	-	-	-	-	3 unb.	4 Chro.	702	
359	44	-	-	5	-	9	-	2	5	33	-	-	-	2 unb.	197	94

360   9 Zir, 1 Rutil, 4 bräunl. (Anatas), 5 fbl, 146 Opake

Hawal-Fluß

323	25	-	-	3	-	-	10	-	1	-	8	53	-	-	112	
324	3	3	-	-	-	3	6	3 ?	-	15	41	18	8	-	162	34
325	20	-	-	-	-	-	3	1	-	-	10	66	-	-	108	

Probe	Zir	Tit	Zin	Rut	Top	Tur	Epi	Met	Gra	gr.Hbl	br.Hbl	Pyr	Alt	andere	Opake	Körner <100

Gongola-Fluß

46	80	-	-	10	-	-	-	5	-	5	-	-	-	-	84	20
47	17	1	-	2	-	1	5	1	1	5	-	59	-	8 Spi.	85	
50	71	-	-	11	-	7	-	4	-	-	-	-	-	7 Chro.	726	
59	47	-	-	22	-	6	3	22	-	-	-	-	-	-	61	
60	52	-	-	21	-	4	1	19	-	3	-	-	-	-	245	
312	63	2 ?	-	11	17	-	7	-	-	-	-	-	-	-	532	54
313	1	-	-	-	-	-	-	-	-	-	-	-	-	-	ca. 400	
339	2	10 ?	-	-	-	-	-	1	-	-	-	81	-	6 unb.	43	
341	74	-	-	5	-	-	-	-	-	-	-	-	-	15 Chro.	1458	19
343	87	-	-	-	-	-	-	13	-	-	-	-	-	-	347	
345	36	59 ?	-	3	-	-	-	-	-	-	-	-	-	2 unb.	100	

Erläuterungen zu den Tafeln

(Anmerkung: Die Ansprache der Matrix und der Fe-Oxide erfolgte mit Hilfe weiterer Analysemethoden, v.a. Röntgendiffraktrometrie)

Tafel 1/1
Dünnschliff Probe 234; x-Nichols

Entnahmestelle Tafelberg am Werram südlich Kuru Station (Fig. 20)

Ferricret aus Sand
stark korrodierte Primärquarze in Fe-reicher Matrix; Poren in der Matrix unterschiedlich stark mit Goethitpalisaden verfüllt (kolloformes Gefüge)

Tafel 1/2
Dünnschliff Probe 113; x-Nichols

Entnahmestelle Tafelberg am Werram südöstlich Kuru-Station

Ferricret aus Bodensediment, v.a. umgelagerter Plinthit; Fluviovulkanische Serie
Detailaufnahme einer Goethitcortex mit palisadenartigem Gefüge.

Tafel 1/3
Detailaufnahme Aufschlußwand Grube Major Porter (Profil T)

Basaltreliktgefüge im bunt gefärbten Saprolit (Zone der Bunten Tone)

Tafel 1/4

Dünnschliff Probe 236; x-Nichols

Entnahmestelle Tafelberg am Werram südlich Kuru-Station (Fig. 20)

Saprolit aus Basalt (Fluviovulkanische Serie)
Pyroxen-Pseudomorphose, durch Fe-Stege nachgezeichnet; hohes Porenvolumen durch Lösung und/oder Auswaschung; Anwuchs von Gibbsit an Fe-Stege; opake Nadeln (Ilmenit) als einzige Primärminerale.

Tafel 1

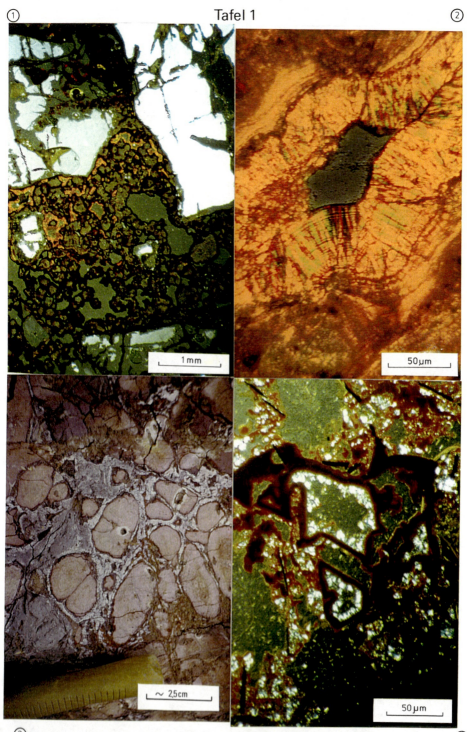

Tafel 2/1

Dünnschliff Probe 233; x-Nichols
Entnahmestelle Tafelberg am Werram südlich Kuru-Station (Fig.20)

Ferricret aus Bodensediment, v.a. umgelagerter Plinthit; Fluviovulkanische Serie
oben Pisolith, quarzfrei; Bildmitte ankorrodierter Primärquarz in Fe-reicher Matrix, rotgefleckte Partien sehr wahrscheinlich hämatitisch; die wenigen Poren sind durch Goethitpalisaden (älter) und Gibbsit (jünger) weitgehend verfüllt (s. Tafel 2/2).

Tafel 2/2

Dünnschliff Probe 233; x-Nichols

Detail aus Matrix von 2/1
Gelartiges Neubildungsgefüge mit Hämatit-Agglomeraten; Porenrand mit Goethitcortex, Porenfüllung mit Gibbsitkristallen (10-25 um Breite).

Tafel 2/3

Dünnschliff Probe 296; x-Nichols

Entnahmestelle Aufschluß Gabarin

Ferricret aus Sand
Gerundete Sande, teilweise ankorrodiert, in Fe-reicher Matrix.

Tafel 2/4

Dünnschliff Probe 294; x-Nichols

Entnahmestelle Aufschluß Gabarin

Verwitterter Schiefer
Durch Fe-Stege nachgezeichnete Reliktgefüge auf Glimmer (unterer Bildteil); am Rand durch bräunliche Fe-Bildung umgestaltete Fe-Cortices (v.a. oberes Bilddrittel); Gibbsit (weiß) als ältere Porenfüllung; jüngere Eisen/Tonhäutchen (gelb bis gelbbraun) als Folge von Lessivierung.

Tafel 4

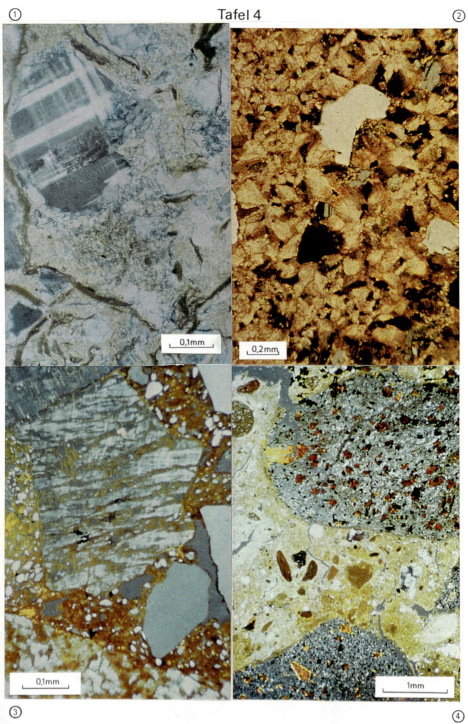

Tafel 5/1

REM-Aufnahme Probe MP 13

Entnahmestelle Grube Major Porter; Fluviovulkanische Serie (s.a. Fig.25)

Sediment mit Fe-Anreicherung über oberoligozän/untermiozänen Seetonen, unter saprolitisiertem Basalt Ätzspuren auf Primärquarz.

Tafel 5/2

REM-Aufnahme Probe MP 13

Position s. 5/1

Fe-Oxidanwuchsfläche mit Pseudomorphie auf Ätzspuren; nach EDAX quarzfrei.

Tafel 5/3

REM-Aufnahme Probe II/29A

Tafelberg am Werram südöstlich Kuru-Station

Ferricret aus Bodensediment (v.a umgelagerter Plinthit); Fluviovulkanische Serie
Rechts im Bild Fe-Matrix (kein Si im Edax); Porenrand mit Goethitpalisade; Goethit-Anwuchsfläche links mit Pseudomorphie auf Ätzflächen von Primärquarz.

Tafel 5/4

REM-Aufnahme Probe Ga 3

Entnahmestelle Tafelbergfuß in den Ganawuri-Bergen

Verwitterter Granit (?) an der Basis der Fluviovulkanischen Serie
Gibbsit-Kristalle als Porenfüllung.

Tafel 5

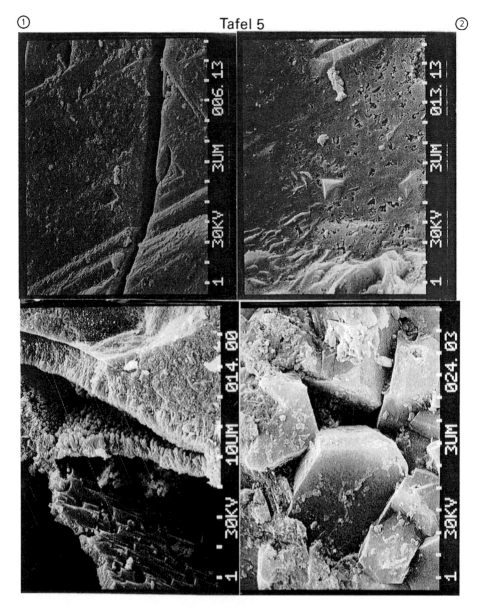

Tafel 6/1

REM-Aufnahme Probe 65

Entnahmestelle bei Tilden Fulani, Nordostfuß des Jos-Plateaus

Schlammstromabsätze des Delimi-Flusses (jungpleistozän?)
schwach angewitterter Plagioklas
Aufn. TIETZ

Tafel 6/2

REM-Aufnahme Probe 204

Entnahmestelle Talung in den Kwandonkaya-Bergen (s. Karte 1)

Quartäre Hangfußsedimente (älter als jungpleistozän ?)
Unterschiedlich verwitterte Feldspäte (K-FSP = Kalifeldspat; AB = Albit), teilweise gerundete Quarze (= QTZ) mit Ätzspuren.
Aufn. TIETZ

Tafel 6/3

REM-Aufnahme Probe 204

s. Tafel 6/2

kavernöser Quarz mit Al/Si-Auflage
Aufn. TIETZ

Tafel 6/4

REM-Aufnahme Probe 204

s. Tafel 6/2

Geätzter Quarz mit SiO_2-Anwuchs
Aufn. TIETZ

Tafel 6

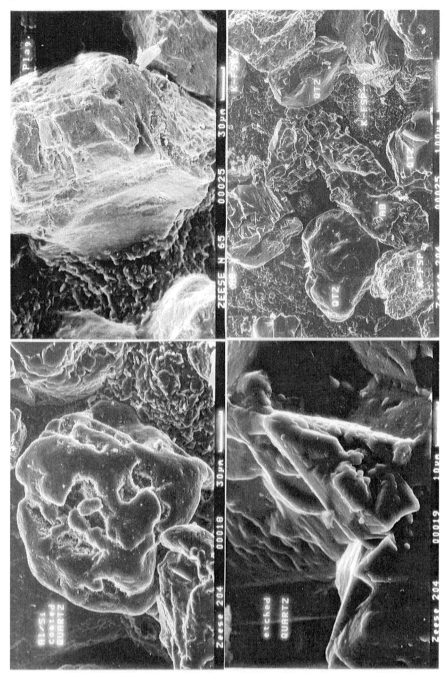

Tafel 7/1: Aufschluß am Fuß des N'Gell-Wasserfalles (22-25:Probenummern). Aufnahme vom 27.2.78

Tafel 7/2: Terrassenablagerungen am Wase-Fluß, Auflagerungsbasis etwa 8 m ü.d. Fluß

Tafel 7/3: Landsat-Aufnahme und geomorphologische Karte vom Ostrand des Longuda-Plateaus
(Karte und Legende unten, Abbildung auf gegenüberliegender Seite)

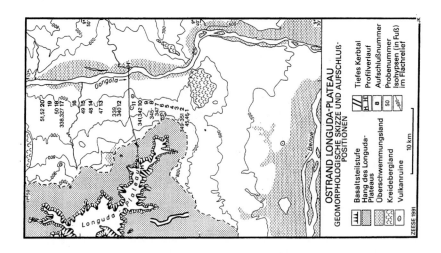

Tafel 7

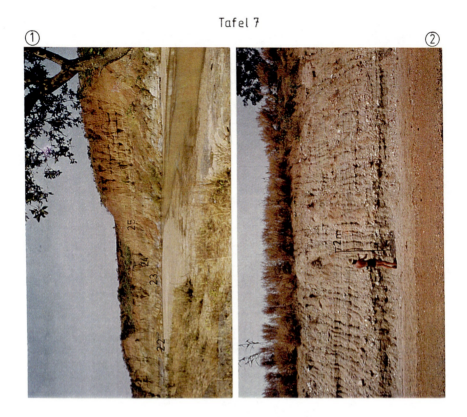

Tafel 8/1: Wase-Rock im Benue-Tiefland.- Die rund 15 Ma alte (GRANT et al. 1972) Trachytfüllung des Vulkanschlotes ist freigelegt. Die umgebende flachgründige Rumpfebene kappt die kretazischen Sedimentgesteine. Sie liegt nahezu im Niveau des Flusses und bezeugt eine bis ins Quartär wirksame flächenhafte Abtragung.

Tafel 8/2: Azonaler Inselberg mit Blockummantelung bei Zaria

Tafel 8/3: Zaranda-Berg westlich Bauchi. Freigelegter jurassischer Batholith mit einer relativen Höhe von etwa 700 m. Aufn. v. 3.4.78

Tafel 8/4: Prallkonvexe freigelegte Felskuppen in grobkörnigem Biotitgranit (Jüngere Granite) am Nordrand des Jos-Plateaus östlich von Jos. Blick nach Süden in den Zirkusschluß von Fig.60. Im Bildmittelgrund tiefgründig verwitterte Rumpfebene 1300-1350 m ü. d. Meer und Inselberge aus demselben Gestein. Im Vordergrund erfolgt die Entwässerung ins 300-350 m tiefer gelegene intramontane Becken des Neill's Valley. Aufnahme vom 21.10.81.

Tafel 8

Geographisches Institut
der Universität Kiel